国家出版基金项目
NATIONAL PUBLICATION FOUNDATION

自 然 生 态 保 护

丛林之眼

红外触发相机十年

Eyes in the Jungle

10 Years of Wildlife Camera-Trapping in Southeastern China

U0246304

王大军　李晟　著

北京大学出版社
PEKING UNIVERSITY PRESS

图书在版编目（CIP）数据

丛林之眼：红外触发相机十年 / 王大军，李晟著. —北京：北京大学出版社，2014.12
（自然生态保护）

ISBN 978-7-301-25132-4

Ⅰ.①丛⋯ Ⅱ.①王⋯ ②李⋯ Ⅲ.①红外线摄影—照相机—概况 Ⅳ.①TB852.1

中国版本图书馆CIP数据核字（2014）第272054号

书　　　名：丛林之眼——红外触发相机十年

著作责任者：王大军　李　晟　著

责任编辑：黄　炜

标准书号：ISBN 978-7-301-25132-4/Q · 0151

出版发行：北京大学出版社

地　　　址：北京市海淀区成府路205号　100871

网　　　站：http://www.pup.cn　新浪官方微博：@北京大学出版社

电子信箱：zpup@pup.cn

电　　　话：邮购部 62752015　发行部 62750672　编辑部 62752038　出版部 62754962

印　刷　者：北京大学印刷厂

经　销　者：新华书店

　　　　　　720毫米×1020毫米　16开本　12.5印张　200千字

　　　　　　2014年12月第1版　2014年12月第1次印刷

定　　　价：60.00元

　　在人类文明的历史长河中，人类与自然在相当长的时期内一直保持着和谐相处的关系，懂得有节制地从自然界获取资源，"竭泽而渔，岂不获得？而明年无鱼；焚薮而田，岂不获得？而明年无兽。"说的也是这个道理。但自工业文明以来，随着科学技术的发展，人类在满足自己无节制的需要的同时，对自然的影响也越来越大，副作用亦日益明显：热带雨林大量消失，生物多样性锐减，臭氧层遭到破坏，极端恶劣天气开始频繁出现……印度圣雄甘地曾说过，"地球所提供的足以满足每个人的需要，但不足以填满每个人的欲望"。在这个人类已生存数百万年的地球上，人类还能生存多长时间，很大程度上取决于人类自身的行为。人类只有一个地球，与自然的和谐相处是人类能够在地球上持续繁衍下去的唯一途径。

　　在我国近几十年的现代化建设进程中，国力得到了增强，社会财富得到大量的积累，人民的生活水平得到了极大的提高，但同时也出现了严重的生态问题，水土流失严重、土地荒漠化、草场退化、森林减少、水资源短缺、生物多样性减少、环境污染已成为影响健康和生活的重要因素等等。要让我国现代化建设走上可持续发展之路，必须建立现代意义上的自然观，建立人与自然和谐相处、协调发展的生态关系。党和政府已充分意识到这一点，在党的十七大上，第一次将生态文明建设作为一项战略任务明确地提了出来；在党的十八大报告中，首次对生态文明进行单篇论述，提出建设生态文明，是关系人民福祉、关乎民族未来的长远大计。必须树立尊重自然、顺应自然、保护自然的生态文明理念，把生态文明建设放在突出地位，以实现中华民族的永续发展。

　　国家出版基金支持的"自然生态保护"出版项目也顺应了这一时代潮流，充分体现了科学界和出版界高度的社会责任感和使命感。他们通过自己的努力献给广大读者这样一套优秀的科学作品，介绍了大量生态保护的成果和经验，展现了科学工作者常年在野外艰苦努力，与国内外各行业专家联合，在保护我国环境和生物多样性方面所做的大量卓有成效的工作。当这套饱含他们辛勤劳动成果的丛书即将面世之际，非常高兴能为此丛书作序，期望以这套丛书为起始，能引导社会各界更加关心环境问题，关心生物多样性的保护，关心生态文明的建设，也期望能有更多的生态保护的成果问世，并通过大家共同的努力，"给子孙后代留下天蓝、地绿、水净的美好家园"。

许智宏
2013 年 8 月于燕园

序二

    1985 年，因为一个偶然的机遇，我加入了自然保护的行列，和我的研究生导师潘文石老师一起到秦岭南坡（当时为长青林业局的辖区）进行熊猫自然历史的研究，探讨从历史到现在，秦岭的人类活动与大熊猫的生存之间的关系，以及人与熊猫共存的可能。在之后的 30 多年间，我国的社会和经济经历了突飞猛进的变化，其中最令人瞩目的是经济的持续高速增长和人民生活水平的迅速提高，中国已经成为世界第二大经济实体。然而，发展令自然和我们生存的环境付出了惨重的代价：空气、水、土壤遭受污染，野生生物因家园丧失而绝灭。对此，我亦有亲身的经历：进入 90 年代以后，木材市场的开放令采伐进入了无序状态，长青林区成片的森林被剃了光头，林下的竹林也被一并砍除，熊猫的生存环境遭到极度破坏。作为和熊猫共同生活了多年的研究者，我们无法对此视而不见。潘老师和研究团队四处呼吁，最终得到了国家领导人和政府部门的支持。长青的采伐停止了，林业局经过转产，于 1994 年建立了长青自然保护区，熊猫得到了保护。

    然而，拯救大熊猫，留住正在消失的自然，不可能都用这样的方式，我们必须要有更加系统的解决方案。令人欣慰的是，在过去的 30 年中，公众和政府环境问题的意识日益增强，关乎自然保护的研究、实践、政策和投资都在逐年增加，越来越多的对自然充满热忱、志同道合的人们陆续加入到保护的队伍中来，国内外的专家、学者和行动者开始协作，致力于中国的生物多样性的保护。

    我们的工作也从保护单一物种熊猫扩展到了保护雪豹、西藏棕熊、普氏原羚，以及西南山地和青藏高原的生态系统，从生态学研究，扩展到了科学与社会经济以及文化传统的交叉，及至对实践和有效保护模式的探索。而在长青，昔日的采伐迹地如今已经变得郁郁葱葱，山林恢复了生机，熊猫、朱鹮、金丝猴和羚牛自由徜徉，那里又变成了野性的天堂。

然而，局部的改善并没有扭转人类发展与自然保护之间的根本冲突。华南虎、白暨豚已经趋于灭绝；长江淡水生态系统、内蒙古草原、青藏高原冰川……一个又一个生态系统告急，生态危机直接威胁到了人们生存的安全，生存还是毁灭？已不是妄言。

人类需要正视我们自己的行为后果，并且拿出有效的保护方案和行动，这不仅需要科学研究作为依据， 而且需要在地的实践来验证。要做到这一点，不仅需要多学科学者的合作，以及科学家和实践者、政府与民间的共同努力，也需要借鉴其他国家的得失，这对后发展的中国尤为重要。我们急需成功而有效的保护经验。

这套"自然生态保护"系列图书就是基于这样的需求出炉的。在这套书中，我们邀请了身边在一线工作的研究者和实践者们展示过去30多年间各自在自然保护领域中值得介绍的实践案例和研究工作，从中窥见我国自然保护的成就和存在的问题，以供热爱自然和从事保护自然的各界人士借鉴。这套图书不仅得到国家出版基金的鼎力支持，而且还是"十二五"国家重点图书出版规划项目——"山水自然丛书"的重要组成部分。我们希望这套书所讲述的实例能反映出我们这些年所做出的努力，也希望它能激发更多人对自然保护的兴趣，鼓励他们投入到保护的事业中来。

我们仍然在探索的道路上行进。自然保护不仅仅是几个科学家和保护从业者的责任，保护目标的实现要靠全社会的努力参与，从最草根的乡村到城市青年和科技工作者，从社会精英阶层到拥有决策权的人，我们每个人的生存都须臾不可离开自然的给予，因而保护也就成为每个人的义务。

留住美好自然，让我们一起努力！

2013 年 8 月

前言

用红外触发照相机调查野生动物，对我来说再适合不过了。因为野生动物的研究既是我的兴趣，也是我的工作，而照相更是我从小的爱好。

对照相的兴趣来源于刚刚记事的时候，看着长辈们把带着黑纸背的 120 胶卷装进一个双镜头反光式相机，每次照相的时候，看看天气和光线，调整光圈和速度，对焦，按下一张。一卷 12 张照完后，装进一个黑罐子（后来知道那叫显影罐），后来就有黑白颠倒的底片。再到了晚上，关上灯，拉上窗帘，把台灯蒙上红布，打开包着黑纸的相纸，裁成小块，和底片叠在一起，按在印像箱上，开灯数 1、2、3，关灯，显影——看着人影渐渐清晰、明朗——定影——水洗，最后将相纸的药面贴在擦干净的玻璃上，干了相纸自己掉下来，一张 2 寸见方的照片就有了。它们记录了我和亲人们一个个快乐、温馨的瞬间，有意思的是反映在照片上的却大多是不苟言笑、一本正经的表情。这些照片至今珍藏着，这些经历让摄影至今还是我生活的一部分，手握相机和听见快门声都会令我有快乐和踏实的感觉。

照相和野生动物联系起来，来自于我已经不确切地记得的某一年（大约是中学时候），看一个电视片，一位俄罗斯的野生动物学家，在西伯利亚寻找老虎，把一根线绑在照相机快门上，再横拉在兽径上，期待着老虎走过时，绊着线触发照相机拍一张照片。他拍到了老虎。我当时想，如果要是照一张之后能够胶卷更新一下，绊绳再自动设置好，那就省事了。那时我没有想到若干年后我也干同样的事情，而且当时想的问题都解决了。

在遇见我的导师潘文石教授之前，我丝毫没有动过要做野生动物研究的念头。1992 年的一次野外实习，潘老师把我带进了这个行当，与野生动物的接触让我知道了人和野生动物之间原来可以如此的接近，又那么的疏远。做这一行很惬意的一点是经常可以名正言顺地拿着照相机，切换着长枪短炮，记录野生动物的形态、行为和栖息地的状况，当然更重要的是领略大自然的精彩和神秘。

第一次接触到的红外触发相机，是从 George Schaller 博士那里得到的。尝试后我想起了中学时看到的在西伯利亚找老虎的电视片。之后我的研究上的合作伙伴——Smithsonian 保护研究中心的 William McShea 博士（我们叫他 Bill）——告诉我们，红外触发相机可以用于野生动物生物多样性的调查，并可以设计这样的研究项目。他带来了两台相机，而我们决定找到以此作为学位论文研究方向的学生。于是当时还在本科的最后一年，已经决定继续进行研究生学习的李晟成为了这个项目的人选。2002 年 3 月，李晟带着三台红外相机，进入岷山山系的唐家河保护区，开始了运用红外触发相机进行野生动物多样性的研究。

12 年过去了，李晟从一名本科生成长为一名野生动物生态学家，并成为了国内使用红外触发相机研究生物多样性的最著名的专家之一。在这期间，我们一共在 30 个保护区和林场做过调查，总工作量超过 5 万个相机日，拍摄的野生动物照片超过 10 万张，包括 39 个大中型哺乳动物物种、15 个雉类物种和 73 个其他鸟类物种。

更为重要的是，这些照片所提供的野生动物出没的时间、空间数据以及没有拍摄到任何动物照片的地点所提供的野生动物物种不出现的数据，为生态学和生物多样性科学的理论研究和知识积累，以及为动物保护和管理所提供的信息是无法替代的。

在 12 年的实践中，这些自动拍照的相机，就像是研究人员安放在丛林中的眼睛，替我们每天 24 小时不间断地观察着丛林，记录着野生动物出现的状况及其行为，它们就是我们的视野在时间和空间上的扩展，因此，我们亲昵地称它们是"丛林之眼"。同时我们知道，它们在灌木、草原和荒漠中也扩展着我们的视野。

作为一名摄影爱好者，我一直享受着红外触发相机不断带来的新的照片的欣喜；作为一名研究人员，我一直享受着红外触发相机不断带来的新的物种信息和数据的惊喜。然而，2005 年的一张照片，在清晨微弱的光线下，安静的山林里三只羚牛在一起静谧和谐的画面，还是给了我和我的同事们很大的冲击：原来自然是这么的美妙，原来野生动物的世界可以是这么的和谐。这张照片成为了某一期《中国国家地理》杂志的封面照片。

　　是该分享的时候了。分享我们的"丛林之眼"记录的野生动物的珍贵瞬间，虽然这些只是所有照片的极小部分，大部分照片平平淡淡，甚至难以辨认，但是它们提供了和这些"好"照片有着同样价值的信息，甚至更多；分享通过对这些数据和信息的整理和分析，我们所获得的野生动物的保护和管理上知识的积累；分享获取这些照片过程中的故事；分享获取这些信息和图片的技术上的经验和教训。通过这些分享，让更多的人了解和欣赏野生动物和大自然，让更多的人可以用这个"丛林之眼"去了解、热爱野生动物和大自然。

王大军

2014 年 5 月

| 目　录 |

第一章

野生动物研究与自动摄影

我们带着好奇心和使命走进野生动物的世界：森林、草原或者荒漠。这里存在着哪些野生动物物种？每个物种会出现在什么地方？在什么时间活动？吃什么？会被什么动物吃？每天做些什么？有多少数量？它们每年有多少出生？有多少死亡？死亡的原因是什么？这些都是野生动物研究者的"好奇"。这些动物种群的数量是在上升、下降还是稳定？生存是否受到威胁？如果是，有哪些威胁因素？自然的还是人为的？采取什么措施可以使它们的种群能够延续下去？这些是野生动物研究者的使命。

无论要满足好奇心还是达成使命，研究需要做到的事情是：找到野生动物的痕迹；看到野生动物的个体；数到野生动物的数量；观察到野生动物的行为，并且对所有的信息和数据进行系统地记录和分析。然而，任何时候，野生动物和人之间都是要保持距离的，"看到"、"计数"、"记录"野生动物永远是研究者和被研究对象的"捉迷藏"游戏。要尽量多地、不干扰野生动物的自然节律地去收集到研究所需的信息，是研究者们在不断探索的重要领域。在过去的漫长岁月里，博物学家、动物学家、生态学家、自然保护和管理工作者和自然资源的利用者们，发展出了很多方法来达到各自的目的。到今天，在形形色色的方法中，自动照相成为与野生动物打交道的不同人群都钟爱的一种方法。

野生动物研究

对野生动物进行观察和计数是野生动物研究最基本的内容。随着野生动物状况的变化、研究技术的发展，野生动物数据收集的方法也经历着变迁。

基于观察的描述性记录

对我们每一个生长于城市的人来说，最初对动物的认识一定来源于"看"和"听"：观察家里养的猫、狗、鸟和鱼，聆听身边的动物的叫声。这些构成我们对动物最初的认识，这也是人们对野生动物最基本的感知方式。早期的博物学家和动植物学家也正是这样认识和记录自然的。我们的感知和记录包含的信息有

▼ 研究人员正在野外对羚牛开展行为学观察（四川省唐家河国家级自然保护区）

动物的大小、形状、毛色、叫声和栖息地的类型。《山海经》中就以不同的地理方位为线索,记录了很多种动物的信息。这部半是自然记录、半是神话故事的典籍,据考证最早的成书时间可以上溯到 4000 年前,我们可以据其中的一些描述确切考证某种动物的历史存在,当然也有一些关于动物的光怪陆离的描述,现在已经不容易、甚至永远也无从考据了。这本书也许是世界上最早的有动物记录的典籍之一。后来中国历史典籍如《水经注》和《徐霞客游记》等,虽然不是专门的动物记录著作,但也都有动物地理学研究的价值。这些历史典籍中的信息,显然绝大部分来自于人们的观察:"看"和"听"。从欧洲文艺复兴以来,世界逐渐进入现代科学体系,观察和记录都渐渐有了更加明确的目的性和规范性。尤其 19 世纪以来,有目的的科学考察和探险所作的博物学观察和记录,成为了今天地质学、地理学、动物学和植物学研究和探索的重要基础。

基于捕获的标本研究

非接触的观察和聆听所作出的记录无疑对于我们认识野生动物迈出了重要的一步,但是信息量和精确的程度受到了限制。更重要的是我们"看"到和"听"见以外的信息,我们需要通过其他的方式来了解:把"动物"放在眼前,拿在手里,观察、测量和记录,这"动物"就是我们大部分人在学习动物学知识的时候都接触过的"标本"。标本是动物的身体或身体的一部分,经过处理之后可以长期保存,成为供观察和研究之用的动物样本。当然,今天的一部分动物标本也被当做艺术品来展出。我们通常说的标本,包括皮张标本、骨骼标本、器官或组织标本以及最为人们熟悉的填充标本。根据不同的处理和保存方法,又可大致分为干制标本和浸泡标本。在填充标本里面,根据制作手段和使用目的的不同有不同的制作方式,最后可以分为研究标本和姿态标本,而后者是多数人喜欢的"艺术品"。作为动物学的研究材料,标本的共同特点是要长期(甚至永久)地保留动物身体或者动物身体的部分的形态学特征,作为对物种记录和研究的样本。

填充标本是我们第一次认识很多动物物种的媒介。制作精良的填充姿态标本,通过它的颜色、尺寸、神态、动作,甚至通过触摸,可以让我们对这个物种产生近乎于活体所带来的感受;而简单填充的研究标本在动物形态辨识,比如在颜色、尺寸和形状上,可同样提供充足的信息。

骨骼标本则是形态学和分类学的重要研究材料。一方面,对于很多动物来

▲ 制作精良的填充姿态标本。它的颜色、尺寸、神态甚至动作，可以让我们对这个物种产生近乎于活体动物所能给我们带来的感受（美国华盛顿，国家自然历史博物馆）

说，骨骼，主要是头骨，包含了传统分类学上的关键信息。小型的动物更是如此，一些啮齿类动物的主要形态学上的信息就包含在头骨的一些测量指标里面。另一方面，骨骼在野外能够存留的时间远远长于其他的组织器官，可以收集到的机会更大。而且骨骼里面包含了诸如个体年龄和营养状况等方面的信息，是研究野生动物生态学和生活史的宝贵材料。许多博物馆收集了大量的不同时期和地域的头骨标本，这些骨骼标本不仅保存了历史存在的证据，而且随着分子及遗传学技术的进步，它们作为遗传学研究的材料还发挥着更大的科学价值。

在研究机构，大部分皮张标本会被制作成为填充标本以保留更多的形态学信息，而由于人们对野生动物的重要利用方式之一就是皮张，因此，在非研究机构或私人手中所存留的大量样本，也可以被看做是对科学研究有价值的标本。比如，在中国对部分动物的狩猎和利用还是合法的年代，供销社所收购的皮张是研究者们进行数据收集和统计的重要依据，它可供监测野生动物数量的消长；民间自用的野生动物毛皮，也是研究者们探访和研究的材料，比如秦岭野生大熊猫存在的科学证据就是研究人员在当地发现的皮张；至今北美进行野生动物管理的重要依据数据是狩猎活动记录的材料的信息。

另外，用防腐化学药品浸制的整体或器官的标本，同样是从形态学到遗传学研究的材料。

标本的收集有两个问题：第一是在完成标本收集的第一步时，动物的生命已经完结，进一步的关于该动物生活史的其他研究再不可能实现；第二是随着很多物种的数量不断下降，受威胁的程度越来越高，即使是为了科学研究采集动物标本而杀死个体，也不仅变得越来越困难，而且在伦理上也变得不可接受。于是在研究中，科学家开始活捕动物，标记后放回野外进行跟踪研究。

▲ 在北美，受到严格管理的合法野生动物狩猎可以获得大量的动物皮张，并为野生动物管理部门提供重要的种群动态数据（美国威斯康辛州）

野生动物的标记跟踪研究

针对不同动物，捕捉的方法五花八门，包括笼子、脚套或者直接使用麻醉弹。标记的方法也因研究对象和研究目的的不同而不同。例如，可以简单地在动物身上做一个颜色记号；可以在单耳或双耳上打上耳标，用不同形状、颜色或者数字等加以区别；可以给动物戴上发射装置来跟踪它们的位置和行为；最新的技术还可以给动物戴上全球定位系统（GPS），随时记录它们的准确位置，并使用卫星通讯技术实时回传数据。所有这一切，能够提供给我们的结果是丰富多样的，如动物的移动、家域、食物、繁殖、存活率和种群动态信息等。在很长一段时间里面，无线电跟踪的研究方法为人类提供了大量的关于野生动物的科学信息。现在，跟踪技术升级到了 GPS 跟踪结合卫星通讯，使得我们对野生动物的了解变得更加容易。

事实上，没有哪一种方法是完美的，能够完全取代其他的方法。即使是 GPS 跟踪加上卫星数据实时回传，也还有解决不了的问题。

对野生动物进行标记跟踪的前提是对动物的活捕，且必须保证动物不会受到伤害，做到这一点比打标本要困难很多。在保证动物安全的前提下，毋庸讳言的是要保证研究人员的安全，而这在面对大型食肉动物时，更是一种挑战。我们对很多发生在研究中的事件永远会记忆犹新：洞中未能被立即麻醉的雌黑熊冲出洞来，向着距离她仅 2 米的研究人员怒吼；一只羚牛低头冲向站在陡峭山坡上无处可躲的"动物麻醉师"，并与他擦身而过；麻醉醒来后发现自己被套上了颈圈的棕熊愤怒地在我们的车上留下了抓痕。

▼ 被捕捉后佩戴了刻有数字编号耳标和 VHF 无线电颈圈的白尾鹿（美国弗吉尼亚州）

▲ 2007 — 2008 年，我们在四川省唐家河国家级自然保护区捕捉野生羚牛佩戴上 GPS 颈圈（左），以研究它们的迁移规律和活动范围。这只佩戴有颈圈的个体后来又被我们设置的红外触发相机陷阱拍摄到（右）

　　另外一个无法回避的问题是，被捕捉和跟踪的个体的活动和行为是否受到一定的影响。所有研究都假设这种影响是不存在的，但是这个假设前提并非任何时候都成立。对于动物携带的跟踪装置，有严格的重量限制，应该不至于影响其日常活动。但是，捕捉、麻醉、测量、佩带装置和释放的过程对于这只动物再次被捕捉到的机会是否造成影响？其实有三种可能：没有影响；有负面影响，我们很难或者再也无法用同样的方法再次捕捉到这只个体；有正面影响，这只个体发现被捕捉没有实质性的伤害，反而能得到额外的高质量食物——如果我们使用了食物诱饵。曾有一种说法认为：你能够研究的动物个体都是愚蠢的个体，但在我们看来，被跟踪研究的动物中有部分个体是非常聪明的。

　　对动物的跟踪研究还有一些无法回避的问题：样本量受到限制，我们能够跟踪的个体数量很少，对于回答一些必须经过统计或者建立模型分析才能有答案的问题，这样的方法显得无能为力；另外，昂贵的定位、发射和跟踪的设备，也限制了这种方法的大面积推广应用。

　　更加便宜、容易掌握和能够取得大量数据的方法是野生动物研究中所必需的。我们把这些方法归为一类："非接触式取样"，或者"非损伤取样"，即通过调查动物的遗留物（如痕迹、粪便、毛发）或者通过照片来研究野生动物。

野生动物痕迹调查

作为研究野生动物的最基本方法 —— 直接观察 —— 变得越来越困难，因为很多受威胁的动物数量越来越少，同时它们对于人类也越来越警觉 —— 人类应该被认为是生态系统中顶级和消费量最大的掠食者了。所有动物都会尽量避免遭遇人类，包括野生动物研究者们。但是动物会留下"蛛丝马迹" —— 足迹、粪便、尿液、食物残留和其他的标记供我们观察和研究。这些痕迹无法躲藏，也会保留一段时间，它们的出现证明了相应的野生动物的存在，而在系统的设计下，对这些痕迹出现的时间和空间数据的统计，也可以客观地反映出野生动物出现的相对频率，并能够用于评价野生动物的变化状况。

最著名的例子大概是发生在 2000 年前后的中国野生大熊猫种群数量的调查，所使用的材料就是在野外收集的大熊猫粪便。根据粪便中残留竹子片段的长度，结合地理位置数据，可估算大熊猫的种群密度。虽然这个方法因为数据不够精确而受到一些质

▲ 大熊猫的粪便呈纺锤形，体积较大，里面通常包含有残留的竹节和竹叶片段，因而在野外很容易被发现和识别

疑，但是这可能是在当时的种种条件限制下，能够采用的不错的方法。需要说明的一个前提是，大熊猫的粪便在形态和组成上是非常特殊的，在研究中被忽略或者误判的机会都非常小。

因此也就涉及这个方法的局限 —— 根据痕迹来判断物种对研究人员的要求是很高的。一个简单的例子是在我们的研究地区往往存在 6～7 种有蹄类动物，即使考虑体型大小、季节等因素，对于一种足迹或者粪便，在 3～4 个物种之间的误判是十分常见的。有经验的猎人，或者有过许多年研究经历的研究者，误判的机会很小；但是在大范围调查时，即使由这些有经验的人做过培训，而经验积累不足所造成的人员之间的偏差无法避免。当然，工作态度和责任心也是不能忽略的因素。

解决这些问题，需要更加严格的研究规程，并通过技术手段来减少信息对于个人判读的依赖。DNA 检测技术便是其中之一。

基于非损伤取样的 DNA 分析

DNA 是生物的遗传物质，每个个体的 DNA 都包含了从物种特异性到个体特异性的编码信息。随着技术的发展，研究人员已经能够从生物残留物的极少量的细胞里提取 DNA 并且解读出有用的信息。这些残留的 DNA 可以存在于动物的粪便里或者脱落的毛发中。这些粪便和毛发正是野生动物研究中通过"非损伤取样"可以获得的材料。

在野外系统收集动物的粪便，可以沿着一条固定的路线或者样带，也可以借助其他的帮助，比如搜寻犬。获得的粪便在表面会有脱落的肠壁细胞，通过残留细胞 DNA 分析，可以告诉我们这是哪种动物，甚至是哪一只个体。同样，动物在野外的一些行为（如标记或者蹭痒）可能会留下毛发，从残留的毛囊里面可以提取遗传物质。研究人员甚至

▲ 体型、习性相近的同类群物种留下的痕迹往往很难进行区分，在野外非常容易误判（3 种小型有蹄类食草动物的粪便，从上到下依次为：林麝，毛冠鹿，小麂）

▲ 野生大熊猫会在树干上撒尿和摩擦，留下气味标记，用于不同个体之间的联络。在这样的气味标记附近往往能找到大熊猫的毛发，可供我们从残留的毛囊中提取DNA

专门在野外建造一些供动物们标记或蹭痒的装置。

通过这些方法，我们无需再去捕捉动物或者杀死动物，便能够捕捉到它们的DNA。然而，DNA技术的实施不但需要技术流程和时间，而且最终获得的也是一些DNA编码，对于达到我们研究中的部分目的还是有欠缺的，结果也不够直观。此外，这种方法还有些昂贵。幸好，除了捕捉动物的DNA，目前的技术还可以让我们捕捉动物的照片和视频。

野生动物自动摄影

在森林里，一张动物照片的拍摄，实际上完成了一次对野生动物的观察和影像记录的过程。整个拍摄过程与动物没有物理上的接触。如果是自动拍摄，对动物没有影响；如果装置足够隐蔽，不会造成动物的躲避或者再次拍摄的困难。当一张照片放在我们面前，大部分时候可以准确

鉴定出所拍摄的动物物种。

自动照相的装置已经商业化生产，价格差异很大，但是总体趋势是越来越便宜。新技术的应用，如数码技术、红外照明技术、高速存储技术、摄像技术的发展，都使得自动照相技术用于野生动物的研究变得越来越普遍和流行起来。

与前面所谈到的任何一种方法一样，自动照相技术不能解决所有的问题，但是随着更多其他技术的改进，这种技术变得越来越实用。尽管我们不能用它来

做遗传学分析，大部分时候我们无法精确测量动物，甚至对于大部分物种，我们不能分辨其个体，数据质量的高低多少还要依赖于设备的性能和稳定工作，但考察一下摄影技术的发现、发展过程与动物、野生动物记录研究的关系的历史，可以让我们明白为什么这个方法在野生动物研究、教育和保护领域中越来越流行。

动物的影像记录——从绘画到摄影

绘画作品对动植物的记录和描述

关于动物的文字记录我们可以粗略追溯到《山海经》，而说到动物形象的记录，我们一下子就想到了 12 世纪的宋徽宗赵佶。虽然今天我们无缘目睹其真迹，但是从印刷的册页和网络上的发帖，我们已经惊叹于这位糟糕的皇帝对于鸟类的画笔描述了。《芙蓉锦鸡图》《竹禽图》《瑞鹤图》，我们有限的对复制的艺术品的鉴赏经历让我们确信，这位皇帝对于鸟类的观察，包括形态、颜色和行为都到了细致入微的程度。如果把他所有的鸟类画作集合起来，也许可以出一本"开封鸟类图鉴"之类的画册。我们那些到处观鸟的朋友们感慨，徽宗的鸟类工笔画放在如今世界上任何一本优秀的自然图鉴里面，都不逊色。

这样的画作在中国历代都不少见，虽然这些画作不是专门为记录动物而

▲ 宋徽宗赵佶（公元 1082 — 1135 年）的《芙蓉锦鸡图》。绢本设色，纵 81.5 厘米，横 53.6 厘米（现藏于北京故宫博物院）

▲　五代黄筌（公元 903 — 965 年）的《写生珍禽图》。绢本设色，纵 41.5 厘米，横 70.8 厘米，描
绘了 24 只不同的昆虫、鸟雀与龟类，栩栩如生（现藏于北京故宫博物院）

作，但是其描绘的逼真程度却让今人仍为之赞叹。李时珍的《本草纲目》中对于
药用植物的图解不知道是不是算得上中国最早的"药用植物图鉴"，而达尔文
"比格尔"号航行经历中的各个物种的图示，让谁也不会忽视图像在自然界物种
记录中的作用。而摄影术的发明与进步，更是为动植物的影像记录提供了无限的
可能和便利。

早期摄影作品中的动物形象

　　摄影术是化学和绘画发展结合的产物。看看早期保留下来的摄影作品的构
图，就知道与欧洲的绘画一脉相承。更何况，最初的几位摄影家好像都与绘画有
关，连大家普遍承认的照相机的发明者盖达尔，其本人也是位画家。某种意义上
来说，摄影术是画家们创作的一个新工具。摄影和绘画有着共同的使命，就是记
录人们的生活，记录生活中的人和周围的一切事物。因此，绘画中的题材都会进
入到摄影中来，动物无疑是人们生活中记录的题材之一。

　　1839 年，法国人正式宣布发明照相机不久，一些摄影作品上就出现了动物的形象。由于年代久远和照片传播方式等原因，那个年代到目前还可以考据的照片可能不多了。一位名叫 Matthew Brower 的作者 2010 年发表了他关于动物摄影研究的著作 —— *Developing Animal: Wildlife and Early American Photography*。 在这本书里面我读到了相关的知识，也有幸看到了一百多年以前拍摄的有动物形象的照片。有位威尔士摄影家叫 John Dillwyn Llewelyn，书中引用了他的两张照片，一张拍摄于 1856 年，作品有一个富于文艺气息的名称《渔者》（Piscator）：一只白鹭矗立于池塘之中，背景有石崖和水草，平静的水面呈现出深色，还隐隐呈现出白鹭的浅色倒影。画面非常安静，色调乍一看上去像是在黑色大理石上雕刻出来的石版画。另外一幅作品创作于 1852 年，名称叫《鹿立》（Deer Parking）：一只长角的公鹿，站立在树影斑驳的林间，头转向它的身体的左边。还是中规中矩的绘画构图，只是那头鹿的确显得生硬了一些。

　　我们之前一直表述"有动物形象的摄影作品"，而没有说"动物摄影"，因为此时如果直接用"动

▲ John Dillwyn Llewelyn 的《渔者》

▲ 《鹿立》创作于1852年

物摄影作品"，就是"造假"了，作品中的动物都是标本，这就是那头公鹿显得生硬的原因。显然那时的摄影作品无法真正地拍摄动物，因为当时的感光材料需要完成曝光的时间，少则几分钟，多则几十分钟。据说那只公鹿照片的曝光时间是 20 分钟，如何能让一只活着的动物在一个地方安静地停留那么长时间呢？这位摄影师还拍摄了大量的这类照片，包括獾、水獭、兔子和野鸡等。这至少说明了动物是当时人们生活的重要内容，因而被记录下来了，更说明了当时的艺术家认可动物在生活中的存在是具有美学价值的，否则谁会把它们入画呢？无论作为环境的附属品还是人类生活的附属品，甚至艺术作品的主角，就像宋徽宗画的鸟一样，动物都是被赞美的对象。

早期摄影作品对动物的记录

即使在感光材料感光速度很慢的时代，还是有摄影作品真正记录了动物的影像，通常是睡觉的动物，或者已经死亡的动物，都是在一定时间里保持静止的个体。我们甚至可以想象在那个年代拍摄一张人物肖像，对于被拍摄者来说是一件多么辛苦的事：长时间保持静止状态和凝固的表情。

Llewelyn 曾经拍摄过一张照片，他的妻子牵着一头真正的毛驴，他的女儿坐在上面。1854 年，在动物园里，他还在饲养人员的帮助下，拍摄过长角鸮和狮子幼仔的照片。同时代的摄影家 Talbot 在 19 世纪 40 年代曾经为友人拍摄过她的睡着的宠物狗。此外，还有很多人，为自己垂钓后的战利品，抑或在非洲或印度打猎的收获拍摄照片。虽然这些被拍摄动物已经死去，但这些照片无疑成为那个时期野生动物记录的一部分。

更多的且更有价值的动物摄影作品产生于当时的伦敦动物园。现存的最早的一张伦敦动物园的动物照片拍摄于 1855 年，是一只河马睡在池子边上，周围有许多观众。之后还有很多重要的

▲ Frank Haes 拍摄到的斑驴照片

照片，比如 19 世纪 60 年代摄影师 Frank Haes 在伦敦动物园用 11 秒的曝光时间拍摄了狮子；更值得一提的是 1870 年，他在伦敦动物园拍摄到了斑驴（*Equus quagga*）的照片，这种原产于非洲的动物当时已经在野外灭绝，而伦敦动物园的最后一只个体也在 1883 年死亡，宣告了这个物种的灭绝。而这张照片是目前这个物种在世界上留下的唯一影像记录。

野生动物摄影的起源和最初发展

首先需要说明一下，我们这里谈到的野生动物，实际上是指能够自由活动的动物，即排除家养的宠物和饲养状况下的圈养动物，其他所有有能力去到它所愿意的任何地方包括在居民点周围自由活动的动物。而对于野生动物更严格的定义是要求其栖息地是野生的，不受人为控制的。那样的话，就排除了居民点周围自由活动的动物了。因此，我们所指的野生动物也许该叫"自由动物"。

在这样的定义下，Mary Dillwyn Llewelyn，即 John Dillwyn Llewelyn 的妹妹，在 19 世纪 50 年代拍摄的房顶上的鸽子的照片可能是最早的"自由动物"照片。而 1857 年英国探险家 Francis Frith 在埃及尼罗河畔拍摄的鳄鱼，被一些人认为是假体标本，而也有人认为是真正的鳄鱼，因为冷血动物在环境温度较低的时候保持长时间的不动状态是合理的。

1977 年出版的 C. Guggisberg 的 *Early Wildlife Photographers* 认为，可以确定的自然栖息地环境下进行野生动物拍摄的早期摄影师，包括德国探险家 G. Fritsch 教授，1863 年他在非洲拍摄了野生动物；波士顿摄影师 Charles A. Hewins，他于 1870 年在斯特拉斯堡拍摄到了自然栖息地的巢穴里的白鹳（*Ciconia ciconia*）。在野生动物摄影的早期历史上，必须提到的事件是与人类最伟大的科学探险活动的结合，1872 — 1876 年，历时三年半的英国 HMS Challenger 号考察船进行了第一次人类海洋学的科学探险。在这次探险活动中，船上的一名下士和工程师用相机记录了看到的企鹅和正在繁殖的信天翁。他们一定还用同一台相机记录了考察过程中的场景。这些伟大的科学探险的详细材料，可以在英国自然历史博物馆的网站上看到。那些文字记录、绘图、海洋学的标本连同那些最早期的照片，共同构成了人类科学探索历史的永恒标杆。

摄影术的发明和发展很快给欧洲的上流社会乃至中产阶级带来了一个新的时尚生活元素，人们把相互传看自己的摄影肖像当做一种社交的手段。我们可以想象，在有摄影技术之前，一名画师制作一幅肖像大概需要几个月的时间，所以即使对于最早的摄影术来说，几十分钟，或者几分钟，到后来十几秒和几十分之一秒的曝光时间，都不算是很糟糕的煎熬，何况很快出现的服务于这种时尚需求的商业摄影从业人员，会体贴地为顾客准备上一些动物的标本供合影之用。因此一方面摄影走进了人们的生活，无意间关注了动物影像；另一方面，人们生活对摄影的需求，也推动了摄影技术和照相机的发展。

从最初的湿版摄影过渡到 19 世纪 80 年代成熟的干版摄影，使得摄影师不必再带着暗室到处走，同时曝光时间从几十分钟进步到几十分之一秒，照片的锐度也大大增加，表现的细节也越来越多。因此，相机更加适用于活生生的动物，以及生活在自然里的野生动物的拍摄。一些业余的摄影师也开始拿起相机来记录野生动物，这其中有很多是博物学者。19 世纪 90 年代初期，几名英国摄影师，R. B. Lodge，Richard 和 Cherry Kearton 开始专门进行鸟类摄影，并于 1895 年出版了可能是保留至今的最早的鸟类摄影图谱 *British Birds' Nests*。与 Llewelyn 相比，他们才是真的把野生动物作为拍摄对象的第一批摄影师，而 Llewelyn 更多地是把一些动物的形象点缀其间的风光摄影师。在这个时期，专门从事野生动物摄影的英国人显然不在少数。在 1899 年，英国成立了动物摄影俱乐部（The Zoological Photographic Club）。在 20 世纪最初的几年里，这个摄影俱乐部的鸟类摄影师 Oliver Pike 发明了 Bird-Land 相机，并宣称其市场定位是"专为自然历史摄影而设计"。所以，照相机的便携化的设计，与野生动物摄影的需求是密不可分的。

美国的野生动物摄影 —— 相机狩猎

野生动物摄影在美国而不是欧洲大陆或英伦蓬勃发展起来，有其自然环境和文化传统的双重原因。美国野生动物摄影的发展，反映了人类与野生动物关系变化的清晰脉络，这个发展过程推动了动物保护和可持续的概念的提出，这个过程还展现了野生动物摄影和影像在动物保护中的巨大作用。同时，野生动物摄影发展过程中产生的新技术，直接导致了我们今天野生动物研究中的重要方法——野外自动摄影的诞生。

19 世纪末期，在美国野生动物摄影中产生了一个新的概念 —— 相机狩猎，这个概念也可以说是在狩猎的领域里产生的。狩猎在美国的文化中有着非比寻常的意义。来到美洲大陆的移民们在垦荒和拓殖的过程中，与当时丰富的野生动物资源打交道，并且用这些资源作为生存的重要基础之一。于是在不长时期形成的美国文化中，狩猎成为了其重要的组成部分。一方面，狩猎是人们与荒野或自然交流的一种方式，是美国民族性格一个重要的构成成分；另一方面，在美国本土的狩猎收获，具备了一份政治象征意义，尤其在美国刚刚脱离英国的殖民成为独立联邦时，这一点与欧洲人炫耀自己在非洲大陆的狩猎战利品的意义是相近的。然而，随着经济发展、城市的扩张，人们对野生动物资源的依赖降低，狩猎逐渐由单纯的获取资源，转而具有了更多的精神层面的意义，以休闲为目的的狩猎也随之出现。随着相机技术越来越成熟，在野外一些人的手中多了相机，还有些人干脆放弃了猎枪只拿相机，成为相机狩猎的实践者。这些事情发生的时间也在19 世纪末期。

西奥多·罗斯福是倡导相机狩猎的关键人物之一，虽然他本人并未拿起相机，始终怀抱猎枪。作为美国最重要的政治家之一，他认为美国的国民精神里必须有勇于开拓和承担责任的精神，即所谓"男人范儿"，而这种精神需要在野外，与大自然打交道，如狩猎活动中才可以培养出来。他本人通过讲自己在树林里和牧场上的故事，成功地塑造了自己西部牛仔的硬汉形象。对于舒适的城市生活对美国年轻人的侵蚀，这位总统十分担忧，所以他倡导大家去狩猎。同时，他也认识到，随着人口的增加，野生猎物的数量会变得不可持续，因此他坚决反对以盈利为目的的商业狩猎，在他的总统任期上取消了美国的商业狩猎，转而支持休闲狩猎。休闲狩猎的意义并不在于猎杀和获取野味，而在于与自然的接触，与动物的接触，罗斯福认为这种接触的价值远远大于一个动物的尸体。因此，他赞成把手中的猎枪换成相机。

在这个世纪之交的美国相机狩猎运动中，除了西奥多·罗斯福，还有几个非常关键的人物。

George Bird Grinnell，他在纽约的 Audubon 公园长大，后来成为了当时最为著名的户外和狩猎杂志 Forest and Stream 的拥有者和编辑。他和西奥多·罗斯福在 1884 年共同建立了美国第一个大型动物狩猎协会——The Boone and Crockett Club。他是一个热爱狩猎的人，也是第一位提出动物保护主张的人，他撰文提出"无枪狩猎"和"相机狩猎"。在他看来，当一位猎人走入森林并不是为了猎杀某个目标时，他就已经成为了森林的一部分；当一个人没有带着枪走进森林，他实际上与自然的距离就更近了。同时他也认为，从本质上讲，人的内心需要从森林或荒野中带回"战利品"，而相机为我们带回的照片就可以成为我们的"战利品"。由此他提出"相机狩猎"作为休闲狩猎的形式，这样既享受了自然，也不破坏自然的宁静与和谐。Grinnell 是一位竭力倡导保护的猎人，1938 年在他去世的时候，《纽约时报》称他为"美国的保护之父"。

出生在威斯康辛州的 Allen Grant Wallihan 和 Mary Augusta Wallihan 夫妇也是"相机狩猎"中的关键人物，虽然他们并不是纯粹的"相机猎人"。Wallihan 夫妇 1885 年起住在科罗拉多，经营牧场和采矿，同时 Allen 还是当地的邮电局长。他们对自然的兴趣同时用相机和猎枪进行表达。从 1889 年开始，他们尝试进行野生动物摄影，到 1894 年，他们的积累已经成书并出版了，*Hoofs, Claws and Antlers of the Rocky Mountains*，这是第一本以荒野的野生动物为题材的摄影图册，之后几年他们又出了好几个版本；直到 1906 年再版时，书名改为 *Camera Shots at Big Game*，罗斯福总统为该书写了推介。这本书里记录了落基山脉的多种野生动物，包括马鹿 *Cervus elaphus*，黑尾鹿 *Odocoileus hemionus*，叉角羚 *Antilocapra americana*，美洲狮 *Felis concolor* 和短尾猫 *Lynx rufus* 等。但是，大部分出现在他们照片里的动物，之后都成为了他们枪下的猎物。Mary 对此的解释是，他们照相的目的是为后代留下这些动物的记录。那只被拍到的爬在树上的美洲狮是被他们的猎狗驱赶上去的，照片拍摄后就成了真正的"猎物"。罗斯福也不认为他们是真正意义上的"相机狩猎"。可见，即使拿起相机也未必就会放下猎枪。

那个时代的一名真正意义上的"相机猎人"是 George Shiras Ⅲ。他的家庭和受教育的背景决定了他成为了律师和政治家，而小时候的成长经历又使他成为一名富于热情的猎人。而他一生与野生动物打交道的故事，使他作为最著名的野生动物摄影师和保护主义者而被历史记载下来。

作为美国联邦最高法院大法官的儿子，在法学院接受高等教育是再自然不过的事情了。而他作为一名野生动物摄影师，第一次崭露头角是在 1892 年 9 月 8 日，他在 Grinnell 编辑的杂志 *Forest and Stream* 上发表了一张名为"母鹿"（Doe）的照片。当时这个杂志在进行一个户外题材的业余摄影照片的评选，评委之一是后来成为总统的西奥多·罗斯福。虽然 Shiras 这次没有获奖，但并没有影响他继续从事野生动物摄影的热情，他自称为"相机猎人"，或者"新式狩猎者中的先锋人物"。之后的继续尝试使得他获得了巨大的成功，先是他针对夜间照明摄影的一系列尝试，作品包括了几个系列，其中著名的一组为"午夜系列"

（Midnight Series），包括共 10 张白尾鹿的照片，记录了夜间白尾鹿的形态和行为。他同时也是最早成功使用镁粉闪光灯进行夜间拍摄的摄影师。1900 年，他的作品在巴黎世界博览会上参展，获得了森林展览部分的金奖以及摄影展览部分的银奖，同时被很多观展的法国摄影师称为了不起的"艺术作品"。1906年他的一些作品在美国《国家地理》杂志（National Geographic）上发表了。《国家地理》杂志一改之前文字占主导的传统，第一次如此大篇幅地发表摄影作品，当然，这一次尝试也奠定了该杂志之后的风格：用图片讲故事。这种风格延续到今天已超过 100 年，而在当时，这样的改变却引起过国家地理学会内部的风波，两

▲ George Shiras Ⅲ 使用早期的相机装置成功拍摄了大量的野生动物照片，在当时引起轰动。他也成为了野生动物摄影的先驱（照片原发表于美国《国家地理》杂志）

位董事甚至因为不满这样的改变而愤然辞职。

现在如果说到 George Shiras Ⅲ 这个人，也许人们不记得他的父亲做过美国联邦最高法院的大法官，人们不会记得他做过律师或者国会议员，人们甚至不会注意到他作为国会议员有力推动了美国候鸟迁徙保护的行动，而最容易被人们记住的，或许是他是《国家地理》的第一位野生动物摄影师。

有人认为实际上的"相机狩猎"比真正的狩猎更加困难，这是个事实：野生动物摄影需要狩猎者用所有的知识去发现野生动物，而且还需要更好地接近和很少的惊扰。所以摄影师们拍摄野生动物时使用过所有的猎人们发明的方法：寻找水源地、使用兽径、隐蔽等待、使用诱饵、猎狗寻找和撵赶等，还包括设置如同自动发射射击一样的装置来自动拍摄照片，或者说由野生动物自己来触发拍摄。George Shiras Ⅲ 获奖的照片中，就有由白尾鹿自己触发拍摄的，因此，他也是野生动物自动摄影的开创者之一。

野生动物自动摄影

人类可能已经被其他物种当做生活环境里最可怕的掠食者了，所以人们在森林里直接观察到其他动物的机会越来越少，加之复杂的自然环境，野生动物摄影和野生动物的研究对人们而言都成了巨大挑战。人们一直在想，如果野生动物愿意给自己拍照就好了。

George Shiras Ⅲ 在一百多年前曾经做到过。实际上在他之前，就有人在其他动物身上成功地尝试过，当时的拍摄对象是马。这个尝试是英国摄影师 Eadweared Muybridge 从 1872 年开始的，起因是为了回答一个动物行为的问题：马在跑起来的时候，是否有四肢全部离地的瞬间？提这个问题的人是美国的铁路大王、加利福尼亚的前州长 Leland Stanford，当然现在最让人们记住他的是他所创立的斯坦福大学。在最开始的时间里，Muybridge 多次尝试使用单张照片来捕捉那个瞬间，但是都失败了，1876 年，在 Stanford 本人的建议下，摄影师设计了让马在奔跑过程中自动触发一系列相机的方案：在 Stanford 的跑马场里，边栏上设置一系列相机，在跑道上拦上线绳并将其连接到每台相机的触发快门上，另一侧设置带有竖线标志的背景作为参照。这次尝试获得了空前的成功，获得的系列

▲ 通过一系列绊发相机的连续拍摄，Eadweared Muybridge 使用相机成功记录下赛马在奔跑中的运动模式

马的运动瞬间照片被复制了很多，还制成了走马灯。这就是第一次让动物自己触发拍照的成功尝试。这种方法的继续发展和改进，成就了摄影机的前身，和对动物动作瞬间记录的行为学研究的发展。

在 Muybridge 之后，一直到今天，利用动物自身触发照相的尝试一直没有间断过。而 Shiras 在野生动物的自动照相领域，无疑是鼻祖，除了获得巴黎世界博览会金奖的白尾鹿照片以外，他还在这种摄影方法的基础上，不断融入新的想法和新的技术进行改良，获得了大量的野生动物的影像记录，这其中包括：北美水貂 Mustela vison，浣熊 Procyon lotor，北美豪猪 Erethizon dorsatum，麝鼠 Ondatra zibethicus，雪兔 Lepus americanus，条纹臭鼬 Mephitis mephitis，河狸 Castor canadensis，黑美洲鹫 Coragyps atratus，红头美洲鹫 Cathartes aura，花脸齿鹑 Colinus virginianus，主红雀 Cardinalis cardinalis，灰松鼠 Sciurus carolinensis，负鼠 Didelphis virginiana，哥法地鼠龟 Gopherus polyphemus，驯鹿 Rangifer tarandus，驼鹿 Alces alces，棕熊 Ursus arctos 和黑尾鹿 Odocoileus hemionus。

此后的很多野生动物学者，以 Shiras 的方法为基础，用自动摄影的方法开展野生动物的研究工作。虽然针对不同的动物群落，在不同的区域，会根据实际情况对方法进行调整或者改良，但是基本方法没有改变。学者们在自己的领域对获得的照片信息进行了进一步的解读，将科学研究向前推进。当然，这些摄影的最基本的收获都会包括基本的物种调查。

进入近代，光学技术、化工技术和电子技术的发展突飞猛进，成就了更加实用的照相技术和照相机。对于野生动物自动照相来说，有几个非常关键的进步：首先相机的体积大大减小了，使得更加便于大量的携带，使得大面积的多设备的调查变得更加容易（当然还有赖于成本的降低）；其次，胶片感光度的提高和镜头光学素质的提高，使得低照度下的调查质量大大提高；再次，设备耗电量不断减少，使得几节干电池便能够维持长时间的工作；还有就是自动卷片照相机的出现，加上一卷胶卷 24 甚至 36 张的曝光容量，使得一次设置可以完成多天的调查。

在触发方式上面，进步没有那么快，但是到 20 世纪 80 年代，也开始有了本质上的改进。从 Muybridge 到 Shiras 的触发技术都是使用一根触发快门线，通过物理的方式触发照相机，后来的改进有通过踏板触发的，这样的改进可以对触发动物的体型大小进行选择，但是没有本质的区别。20 世纪 80 年代末，在希腊海岛上针对濒危海豹的成功研究，仍然使用鱼线作为快门线触发照相机。直到1991年第一次出现了把绊绳换成一束红外光线的装置，当这束光线被打断时，相机被触发，这就是主动式红外触发照相。而 1994 年，出现了直接由传感器来感受动物体温带来的环境温度改变，进而触发照相机的装置，这就是现在大行其道的被动式红外触发照相机。当然，胶片相机向数码相机的转变又是一次大的飞跃，我们后面研究的具体过程将会涉及。

这就是大家热衷谈论和使用的自动触发相机，它虽然已经经过了一百多年的演变和发展，但我们把它作为研究的工具也只有 12 年的时间。

我们与红外触发相机的结缘

2002 年 3 月，我们怀抱三台被动式红外触发相机，进入四川岷山的腹地，充满好奇地把它们设置到山林里，满心期望。

而在此之前，对于自动照相、红外触发这些技术的历史我们不甚了了，对于一百多年以来别人都用这套方法做过什么、现在正在做什么，也不甚了了。只是因为对之前的几年主要与动物的足迹、粪便打交道不太满意，而要想回到过去以捕捉动物和无线电跟踪的方式观察动物又面临很多行政上和经济上的困难，我们又非常渴望"看"到我们的研究对象，所以对红外触发相机的使用充满了欣喜和期待。

　　我们知道在中国已经有科研人员研究使用过红外触发相机，其主要目的是寻找老虎存在的证据。一些设备被安放在湖南、福建等华南虎的历史分布区域，遗憾的是没有成功地找到华南虎，只是得到了一些其他动物的照片。在吉林珲春，红外触发相机成功拍摄到了一只东北虎，虽然可能是跨境种群，但是知道中国的土地上还确切地有老虎存在，也足以让人欣慰了。我们期待着在这世界上生物多样性最高的温带地区之一的西南山地，能看到什么？我们可从中了解到什么？

　　12 年过去后，我们还在继续，我们获得的照片被很多人喜欢，照片所带来的信息和数据中的一部分被我们进行了科学的解读，一些信息还在进一步整理和分析，不确定会有什么样的结果出来。但是我们确定的是，这是观察自然的好的方法，这是保护管理者可以使用的强大的研究和宣传教育的工具。我们在这个过程中和很多人分享这个过程的酸甜苦辣，我们很高兴地看到在中国越来越多的人认可和喜欢这个工具，这个工具开始被大范围地推广。我们也就自信地认为，这里面有我们的贡献。

第二章

如何让野生动物给自己拍照

玩转红外相机的实用攻略

什么是相机陷阱？我想，对于大多数人来说，这都是一个比较陌生的名词。"相机"和"陷阱"这两个看似毫不搭边的词汇被放在了一起，所指的是什么呢？

其实，我们可以用一句简单而有趣的话来解释这个貌似很学术的名词：相机陷阱就是一套让动物们给自己照相的装置！

很奇怪是吧，动物们又没有我们人类的智商，又没有我们人类的技术，怎么能给自己照相呢？实际上，这并不是瞎说，也不是童话。正是人类借助于自己的智商和技术，使得让动物们给自己照相的想法成为了现实！

从本源上来说，相机陷阱的概念来自于英文 Camera Trap；"相机陷阱"这个名词，也是对 Camera Trap 相应的中文翻译。顾名思义，相机陷阱就是借助于相机、以拍摄为手段的陷阱。那么，为什么称之为"陷阱"呢？在我们的脑海中，传统意义上的陷阱，一般是指人为设置的一套机关，以捕捉预期出现的动物或其他目标。从目的性上来说，相机陷阱与传统意义上的陷阱有相同之处：都是为了捕捉特定目标而设置的一套装置。因此，我们可以把相机陷阱看做是广义上的陷阱中的一类，其相比于传统陷阱的独特之处，就在于传统陷阱捕捉的是目标的实体，而相机陷阱捕捉的是目标的影像。

按照工作方式的不同，我们可以把相机陷阱分为两大类：由目标动物触发的和按照预先设定时间进行拍照的相机陷阱。其中前者在野生动物研究中应用最为广泛，适用于不能预期目标动物具体出现时间的情况下。这类相机陷阱，按照触发方式的不同，又可以分为机械触发（踏发、绊发、拉发等）、被动式红外触发、主动式红外触发等几类。本书所涉及的将主要是这一大类型的相机陷阱，因此，如果没有特别说明，后文中的"相机陷阱"所指的就是由目标动物触发的类型。

　　使用相机陷阱进行野生动物调查的技术，则被称为相机陷阱调查技术，对应于英文中的 Camera-trapping。除了直接应用相机陷阱对野生动物进行记录、调查以收集数据和信息之外，广义的相机陷阱调查技术，还包括与之相关的数据分析方法、模型和原理框架等。

　　说到这里，相信对于"什么是相机陷阱"这个问题，你的心中应该有了大致的概念和想法。那么，紧接着你可能就会问：相机陷阱对哪些动物起作用、又有哪些人在用呢？相机陷阱是怎么工作的？如何来设置这个相机陷阱才能让动物乖乖地给自己拍照呢？别急，我们下面就来一一地对这些问题进行解答。

对象篇

用在哪些动物上？

野生动物的种类丰富多彩，相机陷阱的类型也多种多样，因此，我们不能笼统地说哪些动物适合用相机陷阱来记录或调查。在目前常见的相机陷阱类型中，被动式红外触发的相机陷阱是应用范围最广、使用数量最大的一类。因此，我们就把这个问题具体化，来说一说这种类型的相机陷阱适用于哪些类型的野生动物调查。

根据我们的经验和总结，适合采用被动式红外触发相机陷阱来记录和调查的动物，至少需符合以下 4 个条件：

（1）温血动物。

这是这种类型的相机陷阱的工作原理所决定的。被动式的红外传感器能够探测到前方热量/红外能量的变化，进而触发相机陷阱拍摄。因此，那些体温与周围环境温度没有明显差别的动物（如，青蛙等两栖类和蛇等爬行类）就不能触发这种类型的传感器。温血动物可以简单分为两大类，即鸟类和兽类；因此，符合拍摄条件的野生动物我们就可以简单总结为鸟类和兽类。

（2）活动习性以地面活动为主。

普通相机陷阱设计时考虑的主要工作环境是陆地，因此，陆栖型温血动物就是这些相机陷阱的目标。在空中活动的（比如鸟类和蝙蝠等兽类）、树冠活动的（比如部分猴子等灵长类）、地下活动的（比如鼹鼠、竹鼠等小型兽类）动物，虽然偶尔也能在其到达地面时被相机陷阱"捕捉"到，但总的来说这些动物并不适合用这种相机陷阱来调查。此外，在水生动物的研究领域中，也有针对鱼类、水生哺乳类等动物开发的原理总体类似（由目标动物触发拍摄）的相机陷阱装置，但并不是我们这里关注的重点，因此在这里不予介绍。

（3）体型足够大。

目标动物的体型只有达到足够大时，才能够有效地触发被动式红外传感器。一些小型的动物，例如，体重仅有几克至十几克的鼩鼱等食虫类，只有在红外传

▲ 非地面活动的动物（例如，图中的蝙蝠，拍摄于四川卧龙国家级自然保护区）偶尔也能被红外相机陷阱拍到，但并不适合用这种技术进行调查和监测

感器的灵敏度设置非常高且动物距离相机陷阱非常近的时候才可以被探测到，显然，这些小动物是不适合用来作为相机陷阱的研究对象的。你可能会问：动物的体型要大到什么程度才算够呢？这里没有一定之规，需要根据具体的相机陷阱型号、传感器性能、研究目的等多种因素综合确定。

（4）能够通过照片进行物种识别与鉴定。

设置这个条件的原因是显而易见的。如果拍摄到的动物无法确认，那么这样的信息和数据就不会有太多的价值。一般来说，小型兽类（例如食虫类、啮齿类等）的物种识别比较困难，需要通过牙齿齿形、头骨形态特征等细节上的检查和测量才能鉴定到具体的物种。这些动物虽然也能时不时被相机陷阱拍摄到，但要识别出是哪些物种却往往很困难。这样的动物也不适合用相机陷阱来调查。不过，某些特殊情况下，出于研究目的的考虑，并不需要对拍摄到的目标动物进行具体物种的识别，只需要能分出属于哪个大类即可。在这种情况下，这个条件可予以放宽。

以上 4 个条件，决定了被动式红外触发的相机陷阱所适于记录和调查的野生动物类群。以我们长期开展野外研究工作的我国西南地区（青藏高原东缘—横断山—秦岭）为例，如果以这些条件来考察这片区域内常见的野生动物中兽类和鸟类的门类，我们可以得到表 2-1 中所展示的结果：兽类中的长鼻目、食肉目、奇蹄目、偶蹄目和鸟类中的鸡形目是适于用被动式红外触发相机陷阱进行调查的门类。这 5 个门类的动物都是以地面活动为主，体型大小也都足以有效地触发相机装置，而且通过照片能够对具体物种进行识别和鉴定。其中，只有部分体型较小的鼬科动物鉴定比较困难。

▲ 红外触发相机陷阱也能拍摄到很多小型兽类（如图片中所示鼩鼱类，拍摄于四川卧龙国家级自然保护区），但却无法进行物种识别与鉴定

表 2-1　适用红外触发相机调查的动物门类

分类单元	代表性动物	是否地面活动为主	体型大小能否有效触发相机	能否根据照片鉴定物种	是否适于用相机陷阱调查/监测
兽类					
食虫目	鼩鼱	不一定	偶尔	否	否
树鼩目	树鼩	否	偶尔	否	否
翼手目	蝙蝠	否	偶尔	否	否
灵长目	川金丝猴，藏酋猴	否	是	是	否
鳞甲目	穿山甲	否	是	是	否
兔形目	草兔，鼠兔	是	是	不一定	否
啮齿目	鼠，松鼠	不一定	偶尔	不一定	否
长鼻目	亚洲象	是	是	是	是
食肉目	豹，大熊猫	是	是	是[a]	是
奇蹄目	野驴	是	是	是	是
偶蹄目	小麂，斑羚	是	是	是	是
鸟类					
鸡形目	血雉，勺鸡	是	是	是	是
非鸡形目	雀鹰，山雀	不一定	不一定	是	否

[a] 部分小型鼬科动物通过照片进行物种鉴定比较困难

哪些人在使用？

　　由于相机陷阱是野生动物相关领域中一种有效而强大的野外工具，因此使用相机陷阱及其相关调查技术的人也是多种多样。大体来说，我们可以把使用相机陷阱的主要人群分为以下几类：

　　（1）野生动物研究人员。这些人是从事科学研究的专业人员。他们针对各自研究中的具体问题，设计出严密的调查方案，使用相机陷阱收集其所需的野外数据。

　　（2）野生动物管理人员。这些人包括自然保护区的管理者、野生动物管理部门的管理者等。他们使用相机陷阱收集其所感兴趣物种的野外数据，以估算动物种群密度、数量等参数，监测动物种群的长期变化动态和特定管理措施的效

▲ 自然保护区工作人员正在野外设置相机陷阱并收集栖息地数据，对保护区内的野生动物进行长期监测（陕西长青国家级自然保护区）

果，从而评估这些管理措施的成效，为后续的管理计划制订提供参考和依据。

　　野生动物研究人员与管理人员往往具有紧密的合作。他们在相机陷阱的使用上，通常采用成熟的商业产品，规模相对较大。他们对于相机陷阱拍摄的效果往往没有太高的要求，而更为关注调查方案设计的严密性、设备工作的可靠性以及野外数据的准确性，并对这些方面有比较高的要求。

　　（3）摄影师。相机陷阱也是很多专业的野生动物摄影师的最爱，是他们拍摄偏远环境中活动隐秘的野生动物的最佳帮手。摄影师一般比较少使用普通的相机陷阱商业产品，而是根据各自的具体需求，使用专业相机自行改造、组装出符合他们要求的相机陷阱装置。在相机陷阱的野外设置上，他们会根据目标物种的活动特点和当地的实际情况，更为精心地选择布设位点，设置各种拍摄参数。对于构图、光线、画质等拍摄效果的追求，是他们最为关心的内容。

（4）猎人。在欧美以及非洲等一些已经建立起成熟的野生动物狩猎机制的地区，猎人也是相机陷阱产品的重要用户之一。为了了解他们计划狩猎区域内动物的活动情况，或是为了搜寻他们最感兴趣的猎物个体（例如，双角最大的公鹿），他们会在打猎之前预先布设一些相机陷阱来收集这些信息，以明确具体的狩猎目标，提高其在野外狩猎时的效率。他们通常使用成熟的相机陷阱商业产品，对于产品型号的价位、性能的需求比较多样，所收集到的信息主要是用于个人目的。虽然每个猎人使用的相机陷阱数量不多，但考虑到这些地区庞大的狩猎爱好者数量，作为一个整体，他们对于相机陷阱产品的需求和消费还是巨大的。

（5）动物爱好者。除了上面几类应用者之外，普通的动物爱好者也是使用相机陷阱的重要人群之一。产品的成熟和商业化使得相机陷阱成为普通人也能买得到、用得起的东西，而众多相机型号在价位和性能上定位的不同，也满足了普通爱好者多样的需求。他们有的使用相机陷阱调查自己的住处周围有哪些动物在

▲ 在北美的户外用品店，红外触发相机陷阱通常摆放在动物狩猎工具区

活动，有的作为志愿者参与到专业的野生动物科研或管理项目之中，有的出于对某种野生动物的强烈喜好而使用相机陷阱去独自追踪或研究，还有的把相机陷阱设置在自家屋里和房前屋后，用来监视宠物的活动情况。

装备篇

工欲善其事，必先利其器！对你手中的工具要了如指掌！

相机陷阱是怎么工作的？

要弄明白相机陷阱是怎么工作的，就必须对其所使用的技术和工作原理有所了解。目前最为流行的就是基于红外线技术的红外触发相机陷阱。虽然各种品牌和型号的相机陷阱外形千差万别，但所有这类相机陷阱装置的核心部件都是一个探测、感应红外线能力或热量变化的红外/热传感器。根据红外/热传感器工作原理的不同，我们可以把红外触发的相机陷阱分为被动式和主动式两大类。

◇ 被动式相机陷阱工作原理

被动式相机陷阱得名于它所配备的被动式红外/热传感器。这个传感器不向外发射能量，但可以探测到前方空间内热量的突然变化，其探测范围通常是一个狭窄的圆锥形区域。由于温血动物（兽类和鸟类）的体温通常高于外界环境温度，因此当有兽类或鸟类经过相机前方，进入被动式红外传感器的监视范围后，传感器将探测到前方热量的变化。如果变化的强度达到一定阈值，传感器就会被触发，通过内部线路向自动相机发出信号，启动相机拍摄一张照片或开始拍摄视频。由于传感器监视的区域要小于相机的拍摄范围，所以如果相机陷阱设置的位置、角度合适的话，通常情况下目标物（即触发传感器的动物）都可以被拍到；如果设置不当，拍到的可能是云影、树影等。

相机陷阱内用于拍照或拍摄的模块通常有两大类：一类是以市面上现成的相机或摄像机为基础改造而成；另一类是直接整合入相机陷阱的拍照或拍摄模块。装置内自动相机的快门控制经过特殊设计，其触发需要 2 个信号同时到达：红外传感器信号、时间延迟信号。时间延迟即相机拍摄下一张照片前保持关机状态的时间间隔，可以人为地通过装置上相应的旋钮或按钮来设定其长度。常用的

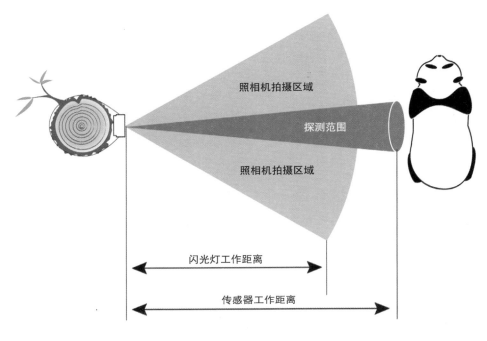

照相机拍摄区域

探测范围

照相机拍摄区域

闪光灯工作距离

传感器工作距离

▲ 被动式红外触发相机工作原理示意图（制图：于微）

相机陷阱装置上的时间间隔为从 0（无时间延迟）到 1 小时之间的多种可供选择的长度。装置的时间延迟由主控电路板上的相应组件确定，由时间延迟选择开关控制。例如，选择 3 分钟，即连续两张照片之间必须要间隔 3 分钟以上。当红外与时间延迟 2 个信号都有的时候，自动相机就会拍摄一张照片。在此延迟时间段内，即使红外传感器再次被触发，相机也不会拍照。在同一只（群）动物长时间停留在相机装置前方的情况下，此功能可以避免相机装置对同一只（群）动物拍摄过多的照片而过度消耗电力、胶卷或存储空间（对于数码相机装置来说）。部分新型号的被动式相机还具有连拍功能（如 Reconyx），可以在每次被触发后以固定的时间间隔（例如每隔 1 秒）连续拍摄最多 10 张照片。这种连续拍摄的照片组可以用来研究动物的行为或被测动物在相机前方的移动距离或速度。

常见的被动式红外触发相机陷阱装置有美国产的 CamTrakker、DeerCam、CuddeBack、Bushnell、Reconyx，以及国产的 TCB、Ltl Acorn 等品牌型号。

◇主动式相机陷阱工作原理

对于主动式红外触发相机装置，其触发原理为：由专门的红外线发射器发射一束红外线，被另外的一个接收器接收。如果有动物从发射器和接收器之间经过，当其身体阻断红外光束时，接收器被触发，进而触发自动相机的快门，拍摄一张照片。

主动式红外触发相机装置的价格比较贵，布设使用过程也比较复杂，但相对于被动式系统，其优点在于：装置被非动物因素触发的概率比较小，照片误拍较少；即使在开阔环境和高温环境中也能正常工作；可以方便地通过设置红外线发射器的高度来限制被拍摄的目标动物的最小体型。

▲　主动式红外触发相机工作原理示意图（制图：于微）

常见的主动式红外触发相机陷阱装置为美国产的 TrailMaster™ 的 TM1550 型号。

相机陷阱的结构如何？

虽然不同型号的被动式红外触发相机陷阱装置的形状、尺寸、颜色差异巨大，但就其具体结构来说，都是由五大部分组成：

（1）外壳。正面有若干窗口，分别对应相机镜头、闪光灯、红外传感器等，并设置有若干指示灯。背面一般都有固定的支架、环扣等部件以方便把装置固定在树干上。材质上，需要防水、防潮以保护内部的电子组件。

（2）拍照/拍摄系统。可以为胶片相机或数码相机，也可以是摄像机。部分型号的拍照系统是由商用傻瓜胶片相机或小数码相机改装而来，部分型号是基于CMOS 传感器、类似摄像头的数码拍照系统。

（3）红外传感器。被动式红外/热传感器，通常前方都覆有可透过、汇聚红外线的菲涅尔透镜。

（4）电力系统。使用干电池或可充电电池供电。某些型号的相机陷阱可以外置太阳能电池板以保持给电池持续充电。部分型号的装置中，拍照系统和红外传感器需要分别单独供电。

（5）主控电路。控制整个装置工作的电子电路板等，通常密封在装置内部。在相机外壳内通常有调整各种设置（日期/时间、延迟、灵敏度等）的按钮和 LCD 显示面板。

下面我们就以经典的 CamTrakkerTM Original 35 毫米被动式红外触发相机为例，详细介绍其各部分组成：

（1）相机胶卷检查窗口。检查窗口为透明玻璃窗口，可在不打开盒盖的情况下，从外部直接检查相机已拍摄照片数量。

（2）防水盒盖。盒盖可方便地打开。中部为透明的相机检查窗口。

（3）闪光灯窗口。该窗口为透明玻璃窗口，内部正对自动相机闪光灯。

（4）ABS 塑料外壳。ABS 塑料外壳防水，相机、电池、传感器与其他电子设备都置于此外壳之中，与外界环境隔绝。

（5）工作指示灯。工作指示灯为红色闪烁时，表明传感器工作正常但未与相机快门相连（外部开关处于关闭状态），此时可在装置前方走动，检测布设位

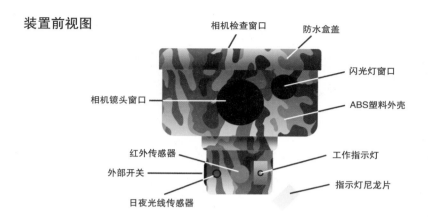

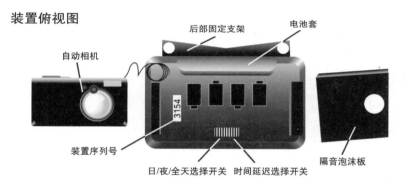

▲ 被动式红外触发相机陷阱装置结构图（以 CamTrakkerTM Original 35毫米型号为样本绘图，制
图：于微）

置是否合适；工作指示灯为绿色闪烁时，表明传感器工作正常且已经与相机快门
相连（外部开关处于打开状态）。

（6）指示灯尼龙片。尼龙片可牢固地贴在工作指示灯上。在测试传感器或
安装相机进行调试时，将其取下，可看到指示灯闪亮与否；相机设置好后，人员
离开时应把尼龙片贴上，防止指示灯闪亮时惊扰动物。

（7）日/夜光线传感器。用于监测装置外部光线强弱，根据设置的模式（见
"日/夜/全天选择开关"）自动打开或关闭相机装置。与相机闪光灯的自动闪光
模式无关。

（8）外部开关。关闭此开关，即断开传感器与相机快门之间的线路，可以在布设、检查、移动装置时，避免相机意外拍照。工作指示灯为红色时，表示此开关处于"关闭"状态，传感器工作正常；指示灯为绿色时，表示此开关处于"开启"状态，传感器已与相机快门相连。

（9）被动式红外传感器。传感器内部为一套热/红外感应系统，可以通过正面的特殊屏幕感应到前方一定区域内物体热量/温度的变化，然后经过内部连线触发相机快门（传感器类型可以根据任务的不同而进行选择，例如，热传感器、主/被动红外线传感器、声波传感器等）。注意：使用时尽量小心，避免感应屏幕被弄皱或戳破！

（10）相机镜头窗口。为透明玻璃窗口，内部正对相机镜头。

（11）后部固定支架。装置背后的金属支架，可通过绳子、铁丝等把装置固定于树干。"V"形凹槽可防止装置在树干上滑动。

（12）电池盒。电池盒内置4节2号电池，提供整个装置（包括自动相机、传感器等）的电力。注意：自动相机的电力全部由这4节电池提供。相机内不要再安装电池！

（13）隔音泡沫板。隔音泡沫板置于相机之上、盒盖之下，可防止动物听到装置工作时的声响。

（14）时间延迟选择开关。时间延迟可以避免对同一只（群）动物拍摄太多的照片。有6种间隔可供选择：20秒，90秒，3分钟，5分钟，25分钟，45分钟。每次只能选择其中一种设置。

（15）日/夜/全天选择开关。可以从以下3种设置模式中选择：只在白天，只在晚上，或者24小时持续工作。每次只能选择一种设置。相机将依据"日/夜光线传感器"的感测结果判断日/夜。

（16）装置序列号。相机陷阱装置生产厂家赋予的装置生产序列号。

（17）自动相机。可由使用者根据项目的目标、资金等情况，选择性能、价格符合工作要求的自动相机。通常为定焦/变焦135毫米的自动相机，具有自动对焦、自动闪光、打印日期等功能，一般使用100ISO的35毫米普通彩色胶卷（也可根据具体需要使用更高或更低感光度的胶卷）。相机快门经过改造，由红外/热传感器进行触发。

如何选择相机陷阱的型号？

经过了一二十年的发展和市场化、商业化的洗礼，目前市场上能够见到的相机陷阱产品琳琅满目、多种多样。商店货架上和网上购物平台上众多的型号很容易让人挑花眼。那么，如何来挑选符合自己需求、便于自己使用的相机陷阱型号呢？

这个问题回答起来不是那么容易。就如同我们平时挑选其他的商业产品一样，不同的品牌、不同的型号、不同的工作原理、不同的采购模式、不同的价格定位、不同的个人喜好，这些众多的因素都会影响到采购者选择具体产品型号时的决策，因此对于这个问题我们不能一概而论。在这里，我们并不试图给大家直接推荐某种型号或产品，而是对这些影响因素一一做出分析与对比，尽量全面地介绍在每一项性能上我们都有哪些可能的选项，以及每个选项的特点、优势与局限。相信通过对这些因素的具体分析，大家就可以在挑选相机陷阱型号时，对于需要考虑的因素有大体的认识和总体的把握，然后再针对每一款可选的型号，根据自己具体的需求去一一核对、权衡。

在这个过程中，我们需要铭记于心的一点是：没有哪款型号或哪个产品能够在所有性能上都符合我们的最佳预期！各相机陷阱，在功能上或有所长、或有所短，挑选到一款合适的、有效的相机陷阱，实际上是在多种性能上权衡选择的结果。对于其所有性能，我们事先必须有一个优先度的排序，明确哪一项或哪几项是我们最为关注的性能。只有这样，才能有助于我们最终选择到一款称心如意的产品。

◇触发方式：机械 vs 红外

机械触发的相机陷阱具有结构简单、成本低廉的优点，普通人就可以使用最简单的老式胶片相机制作出完全不需要电力支持的机械触发相机陷阱。而且，使用者还可以根据目标动物的特点，设计出只对目标物种有效的触发机关和触发方式，提高了相机陷阱"捕捉"特定动物的针对性和效率。但是，以绊发、拉发等机械方式来触发的机关往往都是一次有效，一旦被触发后，就需要人手动重新设置机关。此外，目前市场上极少有现成的机械触发相机陷阱产品，使用者往往需要自己动手设计、制作。这两方面的因素，限制了机械触发相机陷阱的广泛应用。

红外触发的相机陷阱是目前商业产品的主流，市场上品牌、型号众多，可选

▲　如今在北美市场上销售的数码红外触发相机陷阱，品牌、型号众多，价格差异巨大

择余地大。红外触发的传感器对于目标动物种类的选择性较差，但这也是它的一个优势，可用于没有特定目标物种或目标动物种类繁多的情况（例如，兽类多样性的普查）。这种类型的红外触发相机陷阱包含有精密的电子产品，价格相对较高，在野外对使用条件也有相应的要求（例如，需要考虑防潮、防低温等）。

◇工作方式：主动式 vs 被动式

这里的主动式和被动式是就红外触发的相机陷阱而言。与被动式相机陷阱相比，主动式相机陷阱被阳光、树影等非生物因素误触发的概率较低。通过调整红外线发射器和接收器距离地面的高度，使用者还可以设定拍摄目标的最小体型，以"过滤"掉那些不希望记录到的小型动物。此外，应用主动式相机陷阱时，一套红外线"发射器+接收器"的触发机关，还可以同时控制多台相连的相机（可以是有线连接也可以是无线连接），从不同角度对目标动物进行拍照，以满足使用者的特定需求，比如，同时拍摄猫科动物身体两侧的照片，以方便研究者根据其体表的斑纹进行个体识别。但是，主动式相机陷阱的价格较高；同时，由于其整套装置包括分置的几个不同模块（发射器，接收器和相机）且各自单独供电，野外设置和操作也比较复杂，因此使用者相对较少，市场上可以见到的品牌和型号比较少。

被动式红外触发相机陷阱是目前市场上商业产品的主流。由于把传感器、相机、供电系统、控制系统等所有设备都集成在了一个外壳之内，被动式相机陷阱相对于主动式型号来说操作相对简单易学，价格相对较低，有利于大范围推广和普及。被动式红外传感器对于目标动物的种类没有太多的选择性，因此这种相机陷阱适用于没有预期目标动物的情况，它可记录下从其前方经过的所有兽类和鸟类，这也是大部分相机陷阱使用者所期望的，很符合大多数用户的需求。同时，市场上琳琅满目、价格各异的被动式相机陷阱也给了用户们充足的选择空间。例如，在北美市场上，最便宜的被动式相机陷阱型号每台仅十几美元，而最贵的可达每台七八百美元。被动式相机陷阱的不足则主要在于，如果设置不当（布设时固定的位置、朝向不合适），其被动式传感器容易被直射的阳光、晃动的光影等非生物因素触发，造成连续空拍，白白消耗系统电力和存储空间。

◇被动红外传感器灵敏度：高 vs 低

对于被动式的红外触发相机陷阱来说，被动式红外传感器的灵敏度是一个非常重要的性能指标，也是挑选相机陷阱型号时需要重点考察的。传感器的灵敏度并不是越高越好，而是需要根据具体的使用环境和目标物种来综合考虑。

传感器灵敏度较高的相机陷阱，可以敏锐地捕捉到细小的热量变化，反应速度快，能够记录到更多的中小体型动物或距离更远的动物。但是，这样的高灵敏度的传感器也更容易被阳光、影子等非生物因素触发，导致相机的空拍率比较高。

传感器灵敏度较低的相机陷阱，在保证对大中型动物具有可靠探测率的前提下，被误触发的概率就会小很多。但这样的相机陷阱反应速度可能会相对较慢，容易漏拍很多体型较小的动物。

因此，为了满足不同用户的各种需求，相机陷阱生产商在很多新的相机陷阱型号上，都增加了专门的"灵敏度"设置选项，使用者可以根据自己的要求，调整红外传感器的灵敏度。

◇拍摄介质：胶片 vs 数码

使用胶片作为拍摄介质的相机陷阱具有反应速度快、相对来说可靠性高、设备价格较低的优势。胶片独特的拍摄效果和画面质感，还为很多专业的野生动物摄影师所青睐，他们认为胶片的效果要优于数码照片的效果。但是单个胶卷可拍摄的照片数量有限，如果动物活动较为频繁，那么设置在野外的相机陷阱就需要频繁地检查和更换胶卷，所需的野外人力较多。胶卷收回后，还需要送至冲洗店冲洗、打印，过程较为繁琐，这期间还容易出现编号弄混、资料遗失等人为错误。此外，"底片+照片"这种影像保存方式不利于数据的快速交流，其保存期限也相对较短。虽然我们可以通过对底片或照片扫描将信息转换为数码格式，以解决交流和保存方面的问题，但这同时又增加了更多的工作量。在目前相机陷阱产品市场上，胶片版的型号已经逐渐退出。

数码版的相机陷阱，最大的优势就是可以借助其大容量的数码存储介质（CF卡、SD 卡等），在一个野外调查周期中拍摄数百至数千张照片，这是胶片相机所不能企及的。如果再结合上大容量电池或其他持续的供电系统（如外接太阳能电池板持续充电），数码版的相机陷阱可以独立在野外工作数月乃至半年以上，可以极大地节省野外工作所需耗费的人力成本。除了静态的照片以外，数码版相机陷阱还可以拍摄野生动物的动态视频，为研究者提供动物行为、群体结构、移动模式等多方面的信息。因此，各种型号的数码版相机陷阱占据了当前市场上

▲ 我们在早期（2006 年之前）西南山地野外调查中使用的不同型号被动式相机陷阱（均使用胶卷拍照）

的绝大多数份额。但是，相对于胶片版相机陷阱，数码版的型号往往反应速度较慢，这是由于其内部相机为了节省电力，在没有动物活动时就处于休眠待机状态，而一旦被触发，系统需要一定的时间（通常为数秒）从休眠状态被激活、转变为工作状态进而拍摄。此外，由于使用了大量的电子技术产品与器件，早期的数码版相机陷阱整体可靠性比较低，容易出现故障，对外界恶劣环境的适应性也较差。有一些新近面世的数码版相机陷阱型号则比较好地解决了以上两个问题，但这些性能得到改进的新型号往往价格不菲。

◇拍摄形式：拍照 vs 摄像

在这里，拍照是指拍摄静态的照片，摄像是指拍摄动态的视频。前者可以由胶片版也可以由数码版相机陷阱拍摄，而后者仅指数码版相机陷阱拍摄的数码视频。

拍照获得的静态照片适用于物种的识别与鉴定，更适用于平面媒体上的展示。但是静态照片只是记录下了某个时间点上动物的姿态，我们不能从这些照片上了解动物在相机陷阱前方的行为过程。

摄像获得的动态视频可以弥补上述静态影像的不足。通过对动态视频的判读，我们可以了解动物的行为过程（例如，设置在动物嗅味树旁的相机陷阱，就可以记录下动物对已有气味标记如何反应，以及如何留下自身气味标记的过程），方便的计数从这里经过的动物群体中的个体数量，了解动物群体的社会结构（成幼比例、雌雄比例等）。但一般来说，相机陷阱启动拍摄动态视频的反应较慢，启动过程相对较长（可达数秒），有可能会错过快速经过的动物。相机陷阱所拍摄的视频的分辨率通常要低于静态的照片，对于某些需要细节特征来识别、鉴定其物种的动物来说，视频能够提供的可供鉴定的细节信息较少。

▲ 美国 Reconyx 的 Professional PC 系列被动式红外触发相机陷阱，可以连续拍摄一系列照片，制作成动态的"准视频"

目前，一些新型号的数码版相机陷阱型号，例如美国 Reconyx 公司生产的 Professional PC 系列和 Outdoor HC 系列，为我们提供了一种"准视频"的拍摄选项。这种相机陷阱被触发后，一次可以以极短的时间间隔连续拍摄一系列（3~10张）的静态照片。如果把相机陷阱的延时设置为零的话，动物的整个动作过程都可以被这种连续照片记录下来。把这些照片连接起来后，就可以生成一段动态的"准视频"，为使用者展示动物的连续动作过程。此外，还有一些新型号的数码版相机陷阱可为使用者提供另一种功能选项，即单次触发后，先拍摄一张静态照片，然后再拍摄一段动态视频。这些新型号的相机陷阱为使用者提供了更多选择的空间。

◇数码拍摄模块：CCD vs CMOS

在数码版的相机陷阱中，常见的拍摄模块有两大类：一类是用普通商业小数码相机改装而成的，另一类是采用类似我们常用的摄像头的元件作为拍摄模块的。通常来说，前者的感光成像元件是 CCD，后者的是 CMOS。这两个专业名词对大家来说可能都比较陌生，我们在这里也不去深究。对这两种类型的拍摄模块，我们就以"小数码"和"摄像头"来代称。

小数码作为拍摄模块，具有色彩还原较好、分辨率高、照片画质好的优点。小数码输出的照片，与我们常用的数码相机所拍摄的照片效果并无二致，可以方便地用于对图像画质要求较高的平面媒体的使用。但是，小数码耗电量较高，需要大容量的电池来供电，否则其持续工作时间就会比较短。从反应速度上来看，由于相机陷阱被触发后小数码的启动还需要一定时间，因此，这一类型的相机陷阱通常整体反应速度较慢。也就是说，从传感器被触发到拍照完成这一过程所需要的时间较长（最快也需要 2~3 秒）。从价格上来看，小数码的成本较高，直接影响到相机陷阱产品的价格。另外，这些小数码都是使用市场上某种成熟的商业小数码型号改装而来，一旦这种型号的商业小数码停产或断货，就容易造成相应的相机陷阱型号的停产。这时，生产商就必须选择新的小数码型号来重新改装、设计，导致研发成本的提高，最终使得相对应的相机陷阱型号的价格居高不下。

摄像头作为拍摄模块，具有成本低、耗电量少、技术简单、反应迅速、文件占用存储空间小等优势。但摄像头拍摄的照片的分辨率和画质较差，在识别、鉴定物种时不容易明确细节特征，也不适用于平面媒体的打印和印刷。

◇补光方式：闪光灯 vs LED 射灯

相机陷阱在外界光线不足的情况下，必须对目标物进行照明或补光才能顺利完成拍摄。根据相机陷阱型号的不同，照明或补光的方式也各异，常见的方式包括：白光闪光灯，白光 LED 射灯和红外 LED 射灯。

白光闪光灯就是我们使用的普通照相机常用的闪光灯，具有亮度高、照射距离远、拍照后色彩还原较好等优点。但白光闪光灯的启动需要消耗的电量较大，如果连续闪光次数较多，则会很快地消耗完电池电力。同时，部分动物会对白光闪光灯产生强烈反应，被闪光激怒后会攻击相机陷阱装置。例如，在我们的研究中，就多次碰到大熊猫被闪光灯照射后攻击、破坏相机陷阱的情况。

LED（发光二极管）射灯是另外一种常见的拍摄时的补光方式，通常由多个 LED 元件组成一组 LED 阵列，在外界光线不足时启动，为相机拍照补光。根据发

▲ 使用白光 LED 射灯（上图，相机型号 Reconyx PC850）和红外 LED 射灯（下图，相机型号 Reconyx PC900）相机陷阱在晚上拍摄的豪猪照片（拍摄于四川老河沟自然保护区）

光波段的不同，相机陷阱上常用的 LED 射灯分为白光 LED 射灯和红外 LED 射灯两类：前者发出类似日光灯的白光，辅助相机在夜间拍摄，所记录的照片或视频可以是彩色的；后者发出人眼和大部分动物眼睛所不能看到的红外光，辅助相机在夜间拍摄，所记录的照片或视频都是黑白的。相比于传统的白光闪光灯，LED 射灯最大的优点就在于耗电量低、工作寿命长。LED 阵列的设计还可以保证在单个或数个 LED 元件出现故障不能工作时，不会对拍摄效果产生大的影响。LED 射灯还可以提供较长时间的持续照明，辅助相机陷阱拍摄动态视频，这是白光闪光灯所不能做到的。但是，一般来说，LED 射灯照明条件下所拍摄影像的分辨率和画质较差，照片的效果不及白光闪光灯，有时会影响到对照片中物种的鉴定。

◇供电方式：一次性电池 vs 可充电电池

电池供电是绝大部分相机陷阱所采用的供电方式。在电池类型的选用上，通常有两个选项：一次性电池和可充电电池。

一次性电池包括我们常用的碱性电池、锂电池。选择使用一次性电池，具有更换电池方便、电力耐久、受外界低温影响小等优点。但由于一次性电池是使用量很大的消耗品，长期使用的累计成本比较高，而且大量废旧电池的处理也是必须要考虑周全的问题。

高容量镍氢（Ni-H）充电电池也是很多相机陷阱使用的电池类型，具有可重复使用、全寿命成本较低的优势。但是，当大规模应用相机陷阱进行调查时，多批次充电电池收回后的充电、管理是比较繁琐的事情，往往需要有人专职负责。错误的充电方式会大大缩短充电电池的使用寿命；充电过程中的漏充，以及安装时满电状态电池与无电或低电状态电池的混装，会使得设置在野外的相机陷阱短时间内就出现电力不足的问题，大大缩短相机陷阱在野外的有效工作时间。此外，镍氢充电电池具有自放电的现象，耐久力较差。在外界环境温度很低的时候，镍氢充电电池的电力消耗很快，甚至会出现无法供电的情况。

◇外壳涂装：伪装 vs 非伪装

在相机陷阱外壳的设计与涂装上，不同品牌和型号的商业产品也有不同的考虑。有的产品在设计时考虑了伪装的需要，例如，在外壳上喷涂有迷彩涂装或低可见度涂装（例如，喷涂上树皮色的亚光涂料），或在外壳上雕铸有类似石头、树皮表面特征的纹理或图案；而有的产品则没有这种伪装的考虑，仅在外壳上进行单色的简单涂装，甚至就让外壳原料的本色裸露在外。

从实践的角度来说，相机陷阱的伪装与否对野生动物来说没有什么大的区别，其目的主要是为了降低相机陷阱在野外被人目视发现的概率，减少人为因素导致的装置损失。因此，如果在人为活动比较频繁的区域设置相机陷阱，那么装置外壳的伪装就十分必要。使用者在采购相机陷阱之后，也可以根据当地使用环境

▲ 外壳涂有伪装迷彩的 CamTrakker 相机陷阱（上）与未经涂装的 DC-2 相机陷阱（下）。后者在野外显然更容易被发现

的特点，对外壳进行进一步的改造和伪装，比如喷涂上与当地环境相符合的迷彩图案等。

◇产品来源：进口 vs 国产

大部分的商业相机陷阱生产商都来自国外，历史相对较长，产品型号众多，可以满足使用者不同层次的需求。但是，这些国外的相机陷阱产品在国内很少有代理商和经销商，因此，如果我们在国内使用，设备的采购、运输和后期的维修比较复杂。国外产品的说明书和操作界面、菜单都是外文的，如果在野外使用相机陷阱的工作人员不具有相应的语言能力，那么操作的时候就会比较麻烦，容易出错。

近几年来，随着相机陷阱在国内的应用越来越广泛，国内也出现了几家相机陷阱的生产商，他们向市场上推出了数款相机陷阱的产品。这些产品采购起来比较方便，使用中故障设备的维修也比国外产品容易得多。这几款产品都是被动式红外触发相机陷阱，说明书和设置按钮、菜单都是中文或中英文双语的，方便野外工作人员的操作。但是，国内产品目前可选择的型号数量有限；同时，与国外一些老牌生产商的产品相比，国内产品在工作性能、可靠性、人机功效、售后服务等方面还有一定差距。

正如前面所述，在所有的相机陷阱类型中，使用被动式红外传感器、由动物自身触发的相机陷阱装置占了绝大多数的比例，这些相机陷阱也是我们在本书中讨论的重点。为使行文简洁，我们将在后文中使用目前比较流行的"红外触发相机"这一简称。如无特殊说明，后续文中的"红外触发相机"指的都是"被动式红外触发相机陷阱"这一类型。

攻略篇

怎样在野外设置相机？

在这一部分中，我们来谈一谈有关红外触发相机装置的正确使用方法与布设程序，以及红外触发相机参数的设置。最后，我们列出了布设红外触发相机的完整简要步骤，供大家参考。

◇相机参数设置

工作时间

某些类型的红外触发相机装置中，安装有一个日/夜光线传感器，可以感应装置外环境中光线的强弱。相应地，这些红外触发相机也配备有设置开关或在数码的设置菜单中包含有对应选项，可以把红外触发相机设置为白天工作、晚上工作或全天工作（此时相当于日/夜光线传感器关闭）。一些新型的数码版红外触发相机中，还可以把工作时间设定为具体的时间段。在实际的调查中，具体选择何种模式或哪个工作时间段，应当主要根据目标动物的活动规律而定。如果调查对象为某一种特定动物，可以设置红外触发相机的时间为这种动物的活动高峰时间。例如，想要拍摄某种夜行性动物的活动，红外触发相机就可以设置为只在夜晚和晨昏工作，以节省电力，并避免白天活动的动物消耗胶卷或存储空间。如果调查的目标不是针对特定的某种动物，而是期望记录到在此位点经过、活动的所有动物，那通常都把红外触发相机固定设置为全天工作。

拍摄间隔

拍摄间隔有时也被称为拍摄延迟时间，拍摄间隔由装置内部主控电路板上的"时间延迟组件"进行控制。在某些类型的红外触发相机装置中，有专门的"时间延迟开关"，可供使用者根据研究需要选择适当的延迟时间。

拍摄间隔功能的设计，主要是为了避免由于动物活动频率过高而造成不必要的连拍。在野外，很多情况下（特别是在使用诱饵时），目标动物由于取食、标记等活动，会在相机前方连续活动很长的时间。如果没有"拍摄间隔"这个功能，则很有可能会由一只或一群动物相对短时间内消耗掉大量的胶卷或数码存储卡的存储空间及电力。大多数情况下，这样的照片都是重复的，实际上是一种浪费。因此，有必要根据实际情况设置一定的拍摄间隔。具体间隔长短的设定，则需要根据当地动物种类、种群密度、行为特征、生态习性等多种因素综合考虑，没有一定之规。

此外，在某些特殊情况下，例如，目标动物比较稀少，或者希望获取尽量多的照片以辨识动物个体的细节特征以用于个体识别时，我们可以通过"时间延迟开关"把拍摄间隔设得比较短甚至没有，这样就有可能在红外触发相机每次"捕捉"到动物的时候，得到尽量多的动物个体身体不同部位的照片。

拍摄照明/补光

前面已经提过，根据红外触发相机型号的不同，照明或补光的方式也各异。

对于内部拍照相机是由商业小相机改装而来的红外相机型号，拍照时的补光方式通常都直接使用内部小相机上自带的白光闪光灯，其功能设置通常包括自动闪光、不闪光、强制闪光、慢同步、防止红眼等选项。我们应当根据目标动物的活动习性与装置的时间设置，选择合适的闪光模式。如果目标动物是夜行性，而且时间设置为晚上工作，则可以使用"强制闪光"模式；其他大多数情况下，选择"自动闪光"即可满足拍摄要求。白光 LED 射灯照明拍摄的效果与白光闪光灯类似，但对于需要拍摄动态视频的红外相机来说，夜晚拍摄时不能使用白光闪光灯，因此，这些类型的红外相机一般采用白光或红外的 LED 射灯来补光。

白光闪光灯和白光 LED 射灯可能会惊吓到动物，但绝大多数动物都会自动避开或置之不理。极个别情况下，受惊的动物会对相机装置发起攻击。大部分野生动物的肉眼无法看到红外线，因此不会对红外 LED 射灯有反应；但也有部分动物能够看到 LED 射灯发出的红外线，甚至因此攻击红外触发相机。需要注意的是，闪光灯和 LED 射灯的使用会加速红外触发相机中电池电力的消耗。需要照明/补光拍摄的照片数量越多，则电池电力消耗越快。

打印日期

对于使用胶卷作为拍摄介质的红外触发相机，需要在其内部的胶片自动相机上进行打印日期的设置。普通的胶片自动相机都有"打印日期"的功能，通常有"年/月/日"、"月/日/时"、"日/时/分"等几种模式可供选择。对于红外相机调查来说，每张照片的拍摄日期与时间是非常有用的信息，可以给照片判读带来极大便利，为调查结果分析提供宝贵的数据。因此，如果装置选用的自动相机有此项功能，则应当尽量加以利用。而具体打印模式的选择，根据我们的经验，选择"日/时/分"的日期打印模式比较好，相应的年份与月份可以在照片判读时通过布设红外相机的野外记录加以确定。这样，一张照片拍摄的日期与时间数据都可以得到。

对于拍摄数码照片的红外相机来说，每张照片拍摄的日期和时间会自动保存在数码照片的属性里，因此通常不需要专门设置在照片上面打印日期/时间。只需要确认相机的系统日期和时间设置无误即可。

◇野外布设的要点

位点的选择

选择、确定合适的布设位点，需要根据调查对象的生物学特性、调查地具体环境与调查季节的不同而具体分析，通常包括兽径、水源地、食物树/灌木、添盐处（对于那些需要补充盐分的偶蹄目动物等）、人工设置的诱饵布撒点等。一般可以根据兽类活动的痕迹（粪便、足迹、食迹等）选择在兽径、小溪、水塘、食源等附近，以期收集到尽量多的动物活动数据。

如果相机前方有高温物体或者环境温度过高时，相机内红外传感器则可能由于过饱和而停止工作。因此，相机设置时应避免阳光的直射或前方有被阳光直射的岩石（岩石的热容小，太阳照射后升温快，温度高）等。另外，刺柏属和雪松属植物在天气晴朗时可以吸收大量的热，在布设相机时也应避免前方有这些植物的遮挡。

此外，在阳光强烈时，地面上云影或树影的移动可以引起地面温度的快速变化，因此，为了避免地面光影变化触发热/红外传感器，相机布设应平行于地面，且前方尽量避开可被太阳直射的大片开阔区域。

位置与高度

一般来说，红外触发相机外壳的设计使其可以方便地通过绳索或特制的捆扎带固定到树干或立杆上。在森林环境中设置红外触发相机，一般用绳索通过相机背部的固定环把装置拴在树干上，把相机拍摄窗口和传感器窗口正对要监视的区域。在没有乔木可利用的环境中（例如，荒漠、高山草甸、流石滩等），可以因地制宜地把红外触发相机设置在合适的地方，比如石缝中、岩壁下，或者人工用石块搭起一个壁龛，把红外触发相机设置在中间。不管何种方式，重要的是要保证红外触发相机工作期间尽量不会松动。

红外触发相机布设的高度要依据目标动物的具体情况而定。一般来说，把高度调整到动物肩部高度上下即可获得较好的拍摄效果。如果目标动物不是单一的某一物种，比如说利用红外触发相机进行大中型兽类的调查普查时，可以设置相机距离地面40～60厘米，或与人的膝盖相当的高度。根据我们的经验，这个高度比较适中，对于较小型动物和大中型的动物一般都可获得较好的拍摄效果。

距离

对于红外触发相机来说，其内部的被动式红外传感器的工作距离受目标动物体型、环境温度、电池电力、传感器状态等多种因素影响。对于羚牛、野猪等大中型兽类，传感器的最大探测距离在 15 ~ 20 米，甚至更远；而对一些小型兽类，例如鼠类，有效的探测距离可能只有不足 1 米。相机周围环境温度过高时，传感器的灵敏度和探测距离也会下降（温度过低会加速电池电力消耗），甚至停止工作，因此应尽量避免这种情况出现。电池电力对传感器的正常工作影响很大，最大可探测距离将随电力的下降而缩短，因此在实际工作中应注意及时检查、更换新电池。

相机可拍摄的距离则主要由内部自动相机的性能决定，包括镜头焦距、能否变焦、闪光灯作用距离（晚上大约为 5 米以下）等。其中，当晚上拍照时，闪光灯的作用距离是一个很大的限制因素。对于大中型动物，传感器的探测距离往往大于闪光灯的作用距离，很容易得到漆黑一片的照片。

要获得质量令人满意的照片，需要恰当的拍摄距离。若拍照时目标动物距离相机太远，则得到的照片中动物体只占很小的比例，给判读、鉴定等后续工作带来困难；若目标动物距离过近，则可能只拍到动物体的一部分，或者造成相机不能准确对焦。

因此，相机布设时与动物可能出现地点的距离远近是决定照片成像质量好坏的重要因素，应当综合考虑以上因素具体确定。通常，目标动物的体型大小是主要的依据。在兽类多样性调查或监测中，由于目标动物的体型大小不一，因此在距离的选择上就需要进行兼顾。我们的经验是，把相机设置在距离兽径等动物可能经过的地点 3 ~ 5 米处，得到的照片一般都能够有较好的效果。

当然，如果使用诱饵或气味引诱剂的话，则可以方便地根据需要决定相机布设的适当距离，即诱饵或气味引诱剂至相机的距离。

红外触发相机前方的灌木枝条和竹丛应当适当清除，以免在人员离去后枝条移动遮挡在相机镜头窗口前面，影响拍摄到的照片效果（在晚上闪光灯工作时尤其如此）。

朝向与角度

相机红外传感器监视的空间范围大致为一圆锥形，在水平面上（类似俯视）的投影就是一个扇形区域。布设相机时需要把传感器窗口正对目标动物可能经过的地点。理论上，移动的温血动物进入此监视范围时即可触发传感器。一般而言，传感器的水平监视范围要小于自动相机的可拍摄范围。在某些情况下，为了使目标动物位于照片的中央，取得最佳构图，以尽可能地获得动物形态的细节信息（例如需要拍摄动物体侧的花纹用于个体识别时），可以用胶带贴在传感器窗口两侧，仅留下中间一条缝隙，使其监视范围变得更为狭窄。

如果阳光可以直射到传感器窗口上，那么传感器就有可能被移动的太阳触发。因此，布设时相机不能朝向太阳可能出现的方位，例如，日出/日落的东向或西向。应当尽量把相机朝向北面。

固定与密封

在森林生态系统中使用红外触发相机时，可以把装置通过背面的金属固定支架用绳索或铁丝固定在树干上。如果固定不牢，也可在不遮挡正面窗口的前提下，用绳索或胶带把整个装置缠绕在树干上予以加固。而在没有乔木或立杆可利用的生境中（例如，陡崖、荒漠、草甸、高海拔流石滩等），我们可以把相机设置在石缝中卡紧固定，或放在人工用石块搭起的壁龛中，利用周围石块的挤压固定好相机装置。

红外触发相机装置外壳的上下两部分之间通常依靠压实进行密封，可以有效地防止渗水、漏水。为进一步保证密封效果，必要的时候可在装置安放好以后，用胶带把外壳上下两部分的接缝处封上。

伪装与加固

一般来说，商业化生产的红外触发相机装置在设计时，就在外壳形状、颜色等方面考虑到了伪装的需求，以降低其在野外的可见度。因此，对于这些外壳涂有迷彩或表面经过特殊处理的红外触发相机，通常情况下我们不需要在野外设置时再进行额外的伪装。但如果研究区域内有较多的人员（特别是从事偷猎、挖药、采矿等非法行为的人员）活动时，为了降低相机被这些人员发现的概率，减少设备丢失或被破坏的比例，我们可以对相机进行适当的伪装。如，可把相机安放在不起眼的树洞、岩缝或灌丛中，也可以使用伪装物对其外观进行修饰，例如，将伪装物覆盖在设备外壳上。伪装物可就地取材（比如成片的苔藓、干枯的树皮、周围的灌木枝条等），但需要注意的是，伪装物一定要固定得比较好，以免松动后遮挡相机的拍摄窗口或闪光灯/LED 射灯窗口。

某些情况下，调查对象中的某些动物受到相机闪光灯惊吓后，会对相机装置进行攻击。例如，在苏门答腊岛，那里的野生大象把相机的闪光灯和当地居民用于驱赶大象的鞭炮联系起来，结果连续多次对它们所遇到的红外触发相机装置进行攻击，撕扯、破坏了多部装置。有时，猴子也会引起令人头痛的问题，它们如果对装置很好奇的话，会在相机前仔细地"研究"这个奇怪的东西，结果很快就消耗掉整卷的胶卷或存储空间，甚至造成设备的破损。如果发生此类事件，那么在后续的调查中，可以考虑对相机装置进行适当的加固措施，比如罩上一个坚固的金属外壳（一些品牌的红外相机制造商提供这种专用配件），把固定相机的普通绳索更换为结实的钢丝索，使用特制锁头以锁紧相机外壳和固定索，或者在外壳上增加防止动物踩踏、剐蹭、啃咬的尖锐突起等。

诱饵/引诱剂的使用

为了提高相机野外工作的效率，可以选择在相机前方散布诱饵的方法，以吸引动物来到相机的监视区域。使用诱饵的好处还在于，它能把目标动物吸引到相机前方预设的地点（合适的距离、方位），取得更好的拍摄构图和效果。对于某些反应较慢的数码版红外触发相机，诱饵还可以起到延长动物在相机前方停留的作用，从而保证数码相机不会错过这些动物。

▲ 我们在野外调查时使用的小型食肉类气味引诱剂（北美市场常见的狩猎辅助用品）

　　常用的诱饵包括食物诱饵、气味引诱剂等各种类型，可以根据目标动物的不同而进行选择。例如，可以使用谷物作为诱饵来吸引某些偶蹄类动物，或者使用气味引诱剂来吸引多种嗅觉灵敏的食肉目兽类，或者使用黄油、花生酱来吸引鼠类等小型兽类。

　　需要注意的是，诱饵的使用有可能造成目标动物行为或生态的改变。例如，使用食物诱饵把动物招引到红外相机前面来，会使得某些动物一旦发现这里存在可口的食物后，就会对这个位点产生记忆和期待，进而在之后的一段时间内反复回到这一地点，人为地增加了红外相机对于这些动物的拍摄率。长期、大量的投食，特别是在自然食物匮乏的季节，还会对这些动物个体的适应性产生直接影响，人为地减轻其所承受的环境选择压力，提高了其在恶劣环境中的存活率。固定的投食点还会增加野生动物个体之间直接和间接接触的机会，增加了传染性疾病在野外种群中传播的风险。不恰当的使用气味引诱剂，也会对动物行为和调查数据产生影响。过量的气味引诱剂会把嗅觉灵敏的动物从很远的距离之外吸引过来，改变了这些动物本来的活动路线和活动模式。人工涂抹在动物嗅味树上的引诱剂，还可能对动物留下的气味标记造成干扰，进而影响到它们之间的通讯联络和行为响应。在红外触发相机布设位点大量使用模拟食肉类动物分泌物的气味引诱剂，还可能使得那些平时被其捕食的物种对这些位点产生主动回避的行为，从而造成红外触发相机数据中这些物种的记录偏少，低估其种群相对数量和分布范围。

相机间距

　　在野外布设红外触发相机时，两台相机之间的距离不能小于一定数值（具体距离视栖息地环境、目标动物种类等因素而定）。在唐家河的调查中，我们设定两台相机间距不应小于 300 米。这是因为，一般来说，任何两台相机（两个布设位点）之间应当是相互独立的，而如果两台相机相距过近，则极有可能在很短的时间内相继拍摄到同一只（群）动物，两处布设位点的数据就不再相互独立。这样的数据最终在分析时不得不删除，某种意义上是一种极大的浪费。

调查时间长短

　　放置时间即相机在野外的工作周期，需要根据整个研究计划的调查对象、调查内容、进度安排、设备性能等因素综合考虑来确定，通常为数天至数周甚至更长。对于物种多样性的调查，可以根据"物种数-布设时间"的关系曲线确定能够记录到尽可能多的物种数，同时又可以接受的布设周期；如果利用红外触发相机进行兽类的监测，那么相机就需要长时间地放置在固定的位点。在红外触发相机的工作周期内需要对装置进行检查，确定其电池电力、剩余胶卷数量或数码存储卡剩余空间是否充足，否则应及时予以更换。

◇相机布设简要步骤

准备工作

准备工作主要在室内完成，包括确认调查区域、打印地图、准备数据表格、准备野外用品以及检查相机装置。相机装置的操作步骤可参看相应型号的相机的说明书。

现在，可以准备出发了！

野外布设

（1）选择合适的布设位点，例如兽径等。

（2）选择合适的安装位置、朝向等，把相机固定在树干或其他支撑物上。

（3）打开防水盒盖，安装电池。

（4）取出自动相机，设置日期时间、闪光模式等。

（5）GPS 定位，填写野外调查表。

（6）人员在相机前移动，再次确认传感器正常工作。

（7）打开自动相机的镜头盖，盖好装置防水盒盖，在相机前方撒布诱饵/引诱剂（如果使用诱饵/引诱剂，应在相机正前方适当地点布撒，距相机3~5米距离为佳），并对装置进行伪装（如果需要的话）。

（8）打开装置外部开关（工作指示灯变绿）。

（9）在一张白纸上（可使用野外记录表的背面）用比较粗的笔写下此布设样方的编号与相机变化，放在相机镜头前1~2米的地方，人为触发传感器使相机拍摄一张照片，这样就可以在第一张照片上记录下位点编号等信息。这样，即使在下载照片时出现把不同的存储卡弄混的错误，还是可以根据第一张照片上的文字信息进行更正。

注意：两台相机之间的距离一定不能小于设计方案中所要求的最小距离！GPS 接收机的导航功能可以方便地用于距离的测量。

检查与回收

由于相机装置被布设在野外固定样方中进行长时间持续工作，在其工作周期内需要进行相机的检查。主要目的是确认相机工作是否正常，必要时更换电池与存储卡。

（1）关闭装置的外部开关，切断传感器与相机快门的连接。

（2）打开装置，关闭相机镜头，检查电池电力与存储卡剩余空间情况，如果需要则及时更换。填写野外记录表。

（3）复原装置。待红外传感器完成预热后，人为触发相机装置使其拍摄一张照片，确定装置能够正常工作后再离开。

一个工作周期结束，需要回收装置，带回基地或再次布设到下一个样方中去。

（a）关闭装置的外部开关，切断传感器与相机快门的连接。

（b）打开装置，关闭相机镜头，检查电池电力与存储卡剩余空间，填写记录表。

（c）收回相机。

存储卡回收与下载

在检查和收回相机时，可以把内部的小数码相机取出，利用其背部的 LCD 显示屏浏览已经拍摄的照片。返回基地后，需要由指定的数据管理人员将存储卡内的照片全部下载到指定的计算机文件夹内。每个调查位点的照片应该放在独立的文件夹内，文件夹的编号应与此布设位点的编号相吻合。

下载后的照片不要随意删除，特别是不能认为照片中没有拍摄到动物就把照片删除。要保留一个包括所有原始照片的数据备份。

优势与局限

传统的兽类野外调查方法有样线法、捕获法、铗日法、标记-重捕法、粪便分析法、访谈法等。红外触发相机调查技术作为一种比较新的野生动物调查的技术与手段，正在得到越来越广泛的应用。但是，我们也必须看到，其运用还有着诸多方面的限制。这里，我们就红外触发相机调查技术的优点、局限一一来做深入的分析。

◇红外触发相机调查技术的优点

与传统方法相比，利用热/红外触发自动相机装置进行野生动物记录与调查有其独特的优势：

（1）根据照片对动物进行鉴定极为准确，避免了野外直接调查中调查人员水平、经验不足带来的误判问题。

（2）"眼见为实"。拍摄的结果具有极强的说服力，可以毫无疑问地确认某种动物在该地区、该时段有分布与活动，也就是说，拍到了则说明肯定有。

（3）调查过程对野生动物的正常活动几乎不产生影响，更不会对其造成伤害，这对于一些珍稀野生动物的调查、研究来说格外重要。

（4）相机调查过程中没有人的干扰，对于那些胆小机警、通常远远避开人的动物可以获得较好的调查效果。尤其是对于行踪隐秘的食肉类动物等，红外触发相机调查是一项极为有效的方法。

（5）相机可以 24 小时持续工作，为人类体力、精力所不及，可以大量记录到主要在夜间或晨昏活动、平时不易被人观察到的动物。

（6）整个调查工作易于进行统一的标准化设计与管理，便于短期大范围推广，并且不同人员在不同时间甚至不同区域内的调查结果具有较高的可比性。

（7）相机的布设和回收需要的人员较少，并且对人员的技能、素质要求相对来说不是很高，可以减少在人员培训、使用等方面的投入。

（8）在相机数量较多的情况下，可以同时布设若干样方，获得在同一时间大面积范围内动物的分布、活动数据。

（9）调查工作在 GIS 支持下进行，可以利用 GIS 的强大功能对调查数据进行整理、分析，建立起不断完善的数据库，为野生动物的保护与管理提供信息及决策依据。

（10）红外触发相机调查获得大量野生动物图片资料，可用于社区教育与公众教育，吸引公众对保护工作的关注与支持。

◇红外触发相机调查技术的局限

任何事物都是有优点也会有局限的，红外触发相机调查技术也有一些不可避免的局限，需要我们在选择调查方法和设计调查方案时予以充分的考虑：

（1）此方法比较适宜于拍摄大中型动物，而对于一些经过相机监视范围的小型兽类（例如啮齿目动物），普通的红外触发相机拍摄到的照片常常效果欠佳，给物种的鉴定带来一定困难；当然，研究者如果要用触发陷阱技术研究特定的小型兽类，也可以对现有的红外触发相机装置进行重新设计、改装，甚至专门设计适合于研究目的的全新装置。

（2）普通的红外触发相机的技术特点决定了它通常只能拍摄到地面活动的较大动物，对于鼹类等地下活动的兽类、鼯鼠等树栖兽类以及空中活动的翼手目动物则无能为力，或者拍摄效果不佳。

（3）相机装置价格较贵，因此运用此方法调查时，必须投入较多设备；另外，调查过程中耗材（电池、胶卷等）的价格也不低，消耗量也比较大，成本较高。

（4）相机的监视范围有限，仅正前方一扇形区域，不能记录到其布设位点周围所有的动物活动。也就是说，相机调查得到的某一位点的数据，并不是完整记录下了此处所有动物的信息。

（5）被动式热/红外传感器容易受到各种非动物因素触发，致使相机误拍的比例可能较高，在开阔的栖息地环境中使用效果不佳，进而影响到调查的效率、成本等问题。

（6）红外触发相机调查不能用于确定某一物种在研究区域内没有分布，即，没有拍到并不能证明没有。

总之，利用红外触发相机进行野外兽类调查有其独特的优势，但同时也受其自身技术特点所限，具有不可避免的不足。因此，在利用此方法进行野外兽类调查与监测的过程中，应当根据实际情况同时采用其他一些调查方法作为补充，综合各种方法的长处以弥补彼此的缺点，以期得到尽量准确、全面的数据。

第三章

领略"野兽飞禽之美"

野生动物照片带给我们的享受

　　设置在丛林中的红外触发相机，成为了我们视觉的延伸。有如一双双悄然隐藏在密林中的眼睛，以其独特的视角，注视着丛林之中来来往往的走兽飞禽。没有了人类的干扰，没有了面对人类时的紧张与恐惧，野生动物们把它们最为自然的神态和举止定格在一张张红外触发相机的照片之上。即使对于专业的野生动物摄影师来说，很多场景也是弥足珍贵的神来之作。对于我们来说，翻看这一张张照片，绝对是一种视觉和精神上的双重享受。透过照片，我们就一起来领略丛林中野兽飞禽精彩纷呈的自然之美，一起来感受密林中那个远离喧嚣的神秘世界。

树梢上的精灵——灵长类

从进化历程上来看，灵长类是和我们人类亲缘关系最近的野生动物类群，包括我们所熟知的各种类人猿、猴子等物种。在我们的研究区域内，分布着灵长目猴科的多种动物，它们大多是树栖性，主要在森林中的乔木层活动，被我们称为树梢上的精灵。但是偶尔地，这些精灵们也会从树梢上来到地面，搜寻食物或辗转迁移。

川金丝猴 *Rhinopithecus roxellana*

- **英文名** Golden Snub-nosed Monkey
- **常用俗名** 金丝猴，仰鼻猴。
- **濒危保护级别**❶ 中国 I 级；CITES：附录 I；IUCN 红色名录：EN（濒危）；红皮书：易危。
- **形态概述** 体型中等猴类。体长 50～78 厘米，尾长 48～80 厘米，体重 8～14 千克。鼻孔向上仰，颜面部为蓝色，无颊囊。颊部及颈侧棕红，肩背具长毛，色泽金黄，尾与体等长或更长。
- **鉴别要点** 独特的毛色与面部特征不会与同区域内的其他灵长类相混淆。

全球共有 5 种金丝猴，中国分布有 4 种，其中 3 种（川金丝猴、滇金丝猴，和黔金丝猴）是中国的特有物种。川金丝猴是这 5 种金丝猴中分布范围最广、种群数量最多的，在我国的陕西、四川、甘肃、湖北 4 省都有记录。在四川、甘肃和陕西，川金丝猴的分布区和国宝大熊猫的分布区有很大程度上的重叠。

川金丝猴的长相非常独特，能够让人"过目不忘"。因为其鼻梁退化、鼻孔

---

❶ 中国 I 级：表示中国一级保护动物；CITES：《濒危野生动植物物种国际公约》（the Convention on Internationae Trade in Endangered Speeies or Wild Fauna and Flora）；IUCN 红色名录：《世界自然保护联盟濒危特种红色名录》（IUCN Red List of Threatened Species）；红皮书：《中国濒危动物红皮书》的简称。

上翻，也被称为仰鼻猴。成年雄猴嘴角有明显的瘤状突起，肩背部具有金色的长毛，长度可达数十厘米。在湖北神农架，当地一直有关于"野人"的传说，曾经有人在野外发现一些怀疑是"野人"留下的金黄色或黄棕色毛发，最后经过专家鉴定，确认实际上是川金丝猴的毛发。

　　川金丝猴猴群的社会结构非常有趣，它们是一种群居的灵长类动物，通常以家庭群为基本的社会单位，包括 1 只成年雄猴、3～5 只成年雌猴以及它们 3 岁以下的子女。在普通的家庭群之外，那些未找到配偶的雄猴还会组成临时性的"光棍群"，四处游荡，窥伺时机，以期组建自己的家庭。若干家庭群和"光棍群"可以组成总数达上百只的大猴群，集体活动。川金丝猴栖息在海拔 1500～3300 米的阔叶林和针阔混交林中，以植物为主要食物，采食植物嫩芽、嫩枝上的树皮、植物果实、松萝等。因此，在大群川金丝猴经过的地方，经常可以发现它们

▲　川金丝猴（拍摄于陕西长青国家级自然保护区），正在好奇地观察相机陷阱

取食时遗留下的大量痕迹，包括折断的树枝、被啃光外皮的枝条、形状独特易识别的粪便等。

作为一种树栖性动物，川金丝猴大量的时间都待在树上，但也会时常下到地面，甚至穿越溪流和公路。因此，我们沿着动物兽径布设的红外触发相机曾多次拍摄到它们的身影，甚至记录下它们小心翼翼"端详"相机的好奇的表情。

藏酋猴 *Macaca thibetana*

- **英文名** Tibetan Macaque
- **常用俗名** 短尾猴，红面猴，藏猕猴。
- **濒危保护级别** 中国Ⅱ级；CITES：附录Ⅱ；IUCN 红色名录：LC（无危）；红皮书：易危。
- **形态概述** 猕猴属最大的一种猴。体长 52~70 厘米，尾长 6~7 厘米，体重 10~25 千克。身体粗壮，尾较短，不及后脚之长。背毛棕褐，暗棕褐或黑褐色，胸部浅灰，腹毛淡黄色。颜面部仔猴为肉色，幼年白色，成年鲜红，老年转为紫色具黑斑或为黑色。
- **鉴别要点** 区别于猕猴的主要特征：粗壮的体型、较短的尾巴、头部蓬松的毛发、不明显外露的耳朵。

说起藏酋猴，人们可能首先想到的就是峨眉山风景区里那些无法无天、强行向过往游客索要食物的猴子。随着延参法师在峨眉山"生命，是如此的美丽"视频在互联网上的火爆，峨眉山上的那些藏酋猴也跟着又火了一把。

除了在树梢上活动之外，藏酋猴也会花费大量的时间在地面上游荡，寻觅食物，玩耍嬉戏。作为一种社会性极强、又十分聪明的灵长类，藏酋猴猴群中有着严格的地位等级。地位低的个体见到地位高的个体时低眉顺耳、阿谀讨好，但又时不时会试探着去挑战，以求晋级；而地位高的个体则在安享其他个体讨好的同时，还动不动张牙舞爪地去威胁乃至攻击它们，以维持其自身的地位和等级。因此，在藏酋猴的社会里，主动示好乃是臣服、让步的表示。正是这种独特的行为和社会结构，加上它们聪明的脑袋和出众的学习与模仿能力，使得一些风景区内与人类熟悉之后的藏酋猴变得无法无天、肆意妄为。

▲　藏酋猴（拍摄于四川唐家河国家级自然保护区）

壮硕的独行侠——熊类

熊类，通指食肉目熊科的动物，全世界共有 8 个种，其中在中国分布有 4 种，分别是大熊猫、棕熊、亚洲黑熊和马来熊。

所有的熊类，都是体格结实、健壮有力，而且在社会结构上都属于独居的类型，平时独来独往，仅在繁殖、育幼、季节性觅食等特殊时期能够看到多个个体聚集一处的景象。以 "壮硕的独行侠" 来形容它们实在是贴切不过。在我们的研究中，红外触发相机就在多处记录到了大熊猫、棕熊和亚洲黑熊。

大熊猫 *Ailuropoda melanoleuca*

- **英文名** Giant Panda
- **常用俗名** 熊猫，猫熊，白熊，花熊，竹熊。
- **濒危保护级别** 中国Ⅰ级；CITES：附录Ⅰ；IUCN红色名录：EN（濒危）；红皮书：濒危。
- **形态概述** 体长 150～180 厘米，尾长 12～20 厘米，体重 70～150 千克。体型似熊但头圆尾短，体毛黑白相间。头部白色，具一对黑色的圆耳朵和黑色"八"字形眼圈。四肢黑色，尾毛全白。
- **鉴别要点** 本种体态特征明显而独特，广为人知，容易识别。

大熊猫这个名字，人人耳熟能详；那憨态可掬的形象，大家也都了然于胸。伴随而来的，还有"国宝""明星""旗舰"等诸多称谓，集万千宠爱于一身，用在大熊猫身上，实不为过。

从分类上来说，大熊猫属于食肉目熊科，但却是全世界熊科 8 个物种中食性最为特化的一种，基本以全素的竹子为食。幼嫩的竹笋和新鲜的竹叶乃是大熊猫的最爱。但毕竟竹子的营养成分含量有限，且难以消化，因此对于还基本保留了典型的食肉类动物消化系统特征的大熊猫来说，不停地吃就成了它们摄取日常活动所需能量的取食策略。吃得多，排泄当然也多，因此在大熊猫活动的区域内，它们那种独特的拳头大小、橄榄形的粪便就相当地常见，并成为保护区工作人员和科研人员追踪它们活动范围的重要依据。

大家都知道熊猫吃竹子，但很多人印象之中的"竹子"，可能都是类似于电影《十面埋伏》中那粗大、挺拔、绵延不绝以成竹海的"竹子"。其实，那些竹子，跟我们的国宝大熊猫一丁点关系都没有。大熊猫真正吃的竹子，则是照片背景中那些毫不起眼的"小"竹子，包括多种箭竹、木竹等。这些竹子，大都生活在山地森林的乔木遮蔽之下。湿润的气候、林间散落的阳光和土壤中富集的有机质，为这些竹子的生长和更新提供了绝好的条件。大熊猫吃的竹子不止一种，在一个熊猫种群活动的区域内，往往会沿着海拔梯度的变化分布有数种不同的竹子。在竹子的各个部分中，鲜嫩的竹笋是大熊猫的最爱。由于不同竹种每年发竹笋的季节也不同，大熊猫就会追随竹笋发生的脚步而迁移，从而表现出季节性的短距离垂直迁徙行为。

虽然以竹子为主食，但科研人员也发现，大熊猫偶尔也会打打牙祭。2011年至2012年的冬天，我们在四川省老河沟自然保护区内发现的一头羚牛尸体边设置了红外触发相机，以探究有哪些动物会来取食。结果，出乎所有人的意料，大熊猫成为了这台红外触发相机前来来往往的常客，留下了数百张怀抱羚牛骨头大嚼特嚼的照片。研究人员推测，在特定季节补充蛋白质和某些矿物质是大熊猫取食这些动物尸体的主要目的。

在大熊猫繁育中心，很多年龄相近的幼年或亚成年熊猫一起被放在熊猫乐园内玩耍。但在现实世界的山林中，在绝大多数的时间内，大熊猫却是互不相见

▶ 大熊猫（均拍摄于四川王朗国家级自然保护区）。照片背景中的箭竹就是它们的主要食物

▶ 大熊猫正把肛周腺分泌物涂抹在冷杉的树干上，进行气味标记

的独行侠。成年的大熊猫之间主要依靠彼此留在树干、岩石上的气味标记相互联络，以明确彼此之间的领地边界，了解彼此的身体状况，探究异性是否已进入发情期等。这种气味标记来自于大熊猫尾部附近的肛周腺和尿液，大熊猫在嗅闻先到者留下的气味后，再把自己的气味涂抹在一旁或之上，好把自己的信息传达给后来者。这些被选定的树干，被科学家称为大熊猫的"嗅味树"，实际就是大熊猫们相互之间传递信息的"消息树"。在野外，我们设置在这种"消息树"附近的红外触发相机，就记录下了发情繁殖季节来来往往的大熊猫们在这里驻足、磨蹭、嗅闻、标记的种种行为。

亚洲黑熊 *Ursus thibetanus*

- **英文名** Asian Black Bear
- **常用俗名** 老熊，狗熊，熊瞎子。
- **濒危保护级别** 中国Ⅱ级；CITES：附录Ⅰ；IUCN 红色名录：VU（易危）；红皮书：易危。
- **形态概述** 体长 150～170 厘米，尾长 7～8 厘米，体重 100～250 千克。四肢粗壮，头部宽阔，吻部短，耳朵长而显著。全身毛为富有光泽的黑色，颊后及颈部两侧的毛甚长，形成两个半圆形毛丛。胸部有一明显的新月形或 V 字形白斑。
- **鉴别要点** 胸部的 V 字形白斑是其区别于其他熊科动物的主要特征。

提起黑熊，人们往往一下子就会想到儿童故事里掰玉米的熊瞎子，联想到一副呆头呆脑、又憨又傻的"笨熊"形象。然而，现实世界中的黑熊，却是行动敏捷、感官（尤其是嗅觉）发达、聪明机警，是森林生态系统中处于食物链顶端的王者之一。

为什么这里的黑熊被叫做亚洲黑熊呢？那是因为它还有一个远在太平洋彼岸的表兄，也俗称为黑熊。虽然长相类似，但它们是不同的物种，为了区别，分布在北美大陆的黑熊被称为美洲黑熊，而分布在欧亚大陆的则被称为亚洲黑熊。这对表兄弟有一个外观上的明显区别，就是亚洲黑熊的胸口有一个清晰的月牙形白斑，而美洲黑熊没有。因此，亚洲黑熊也被叫做月亮熊，或月熊。

在分类上，亚洲黑熊属于食肉目动物，它们也会捕食其他的兽类、鸟类，但它们的食性，却与纯粹吃肉的猫科动物等相差甚远。在它们的食谱中，植物性的食物占了很大的比例。橡子、浆果、植物嫩芽、树皮，甚至昆虫与青蛙，都是它们食谱上的常客。在温带的山地森林中，一些乔木的坚果，例如，橡子、板栗、核桃等，是黑熊秋季的主要食物来源。它们需要吃下大量的这类坚果，储存上足够的能量与脂肪，以熬过随之而来的漫长寒冬。在冬季，由于天气寒冷、积雪深厚、食物匮乏，黑熊会躲到一个避风、温暖的树洞或岩洞里，进入冬眠状态，把自己的活动和能量消耗降低到最低水平，一直等到来年的春季才出洞觅食。

虽然身躯看似笨重，但黑熊却生有强壮的四肢和锋利的爪子，是天生的爬树能手。尤其是秋季，它们采食乔木坚果时，不是蹲在树下、仰天守望，等着果实掉落在地上才去捡食，而是直接爬上树干，粗暴地把结满果实的枝条直接掰断或

▲ 亚洲黑熊（拍摄于陕西长青国家级自然保护区）。这张照片拍摄于11月初，正是黑熊将要开始入洞冬眠之前

咬断，把上面的果子统统收入腹中。而那些被啃完的断枝，则被它们随手垫在屁股下面，从而形成一个个类似超大号鸟窝的"树巢"。这些"树巢"被黑熊研究者们称为"取食平台"，是亚洲黑熊特有的一种痕迹类型。在落叶阔叶林中，等到秋季树叶全部落完之后，这样的取食平台往往非常显眼。在有黑熊分布的地区，能否见到这样的取食平台是野外研究人员判断这里是否有黑熊活动的重要依据。

除了爬树吃坚果之外，搜寻蜂巢、挖食蜂蜜也是黑熊爬树的动力之一。黑熊对于甘甜的蜂蜜有着分外的迷恋和执著，一旦发现哪棵树的树洞里有野蜂巢，就一定要把里面的蜂蜜搞到手，否则誓不罢休。因此，我们在野外也能经常见到黑熊留下的另一种取食痕迹，就是它们挖掉蜂巢之后留下的一片狼藉。有时，在黑熊的粪便中，还能见到与含蜜的蜂巢一起被吞下去、还没有被消化完的一只只蜜蜂。

棕熊 *Ursus arctos*

- **英文名** Brown Bear
- **常用俗名** 马熊，藏马熊，人熊，雪熊。
- **濒危保护级别** 中国 II 级；CITES：附录 I / II；IUCN 红色名录：LC（无危）；红皮书：濒危。
- **形态概述** 体长 162 ~ 180 厘米，尾长 8 ~ 13 厘米，体重 125 ~ 225 千克。体型比黑熊大，吻长而头宽圆。肩部隆起。胸部白斑常沿肩部往上而在颈背相连。全身毛被浓密而长，毛色变化较大。
- **鉴别要点** 体型大于黑熊，隆起的肩部与淡色的颈环区别于黑熊。活动生境多为高海拔的草原、草甸地区，亦有别于黑熊。

壮硕的棕熊站在河流中间捕食洄游产卵的鲑鱼的形象，相信很多人在野生动物纪录片中都曾见过并留下了深刻的印象。那些片子中的棕熊，大都拍摄于北美，而在我国西部的高原地区，也分布有与之同属一种的棕熊，但是体型要相对小很多。在其主要分布区之一的青藏高原，这些棕熊也被称为藏棕熊或藏马熊。它们的食谱中，没有美味的鲑鱼，取而代之的是高原上特有的旱獭、鼠兔等动物。藏棕熊具有高耸的肩部，其下所蕴藏的就是为驱动前肢以挖掘旱獭、鼠兔洞穴所准备的强健肌肉。由于生活在地域广袤无垠、初级生产力相对贫瘠的高原，食物的稀少使得藏棕熊只能不停地在更大的范围搜索以寻找食物，因此它们往往表现出巨大的家域面积，单只棕熊的活动范围可达数千平方千米。猎物不济之时，它们还会挖食草根来充饥。

　　除了费力挖洞以捕食旱獭、鼠兔之外，藏棕熊在取食上还是一个机会主义者，对于其他偶然间碰到的食物也都来者不拒，甚至还会去主动搜索这些"天上掉下的馅饼"，例如，被雪豹等其他食肉动物捕杀但还未吃完的岩羊残骸、死亡的家畜尸体等。我们曾在被雪豹杀死的新鲜岩羊尸体旁设置了红外触发相机，多次记录到棕熊来取食的身影。在藏区草原的一些地方，棕熊还是频繁出现的人与野兽动物冲突中的主角之一。它们除了偶尔直接扑杀牧民的家畜之外，还会在牧民离家的时候破门而入或破窗而入，搜寻牧民留下的粮食、酥油等食物，好大快

▲ 棕熊（拍摄于青海三江源国家级自然保护区）。拍摄这张照片的相机陷阱设置在当地牧民闲置房屋内，棕熊破门而入正在偷食牧民存储的面粉

▲ 豹（拍摄于陕西长青国家级自然保护区）。这是多年来秦岭南坡野生豹的首张野外照片，相机陷
阱在同一位置还拍摄到大熊猫、亚洲黑熊、羚牛、野猪等多种其他野生动物

朵颐。在这些冲突频发的地方，研究人员在牧民离去后的住所内也曾设置过红外相机，以收集野生动物前来破坏的证据，明确造成这些人兽冲突的罪魁祸首。结果，破门而入前来偷食面粉的棕熊，就被我们的相机逮了个正着。

食肉动物中的王者——猫科动物

说起食肉动物，大多数人脑海中首先浮现出的形象往往是老虎、狮子、猎豹、金钱豹这些大型的猫科动物。在地球漫长的生物演化历程中，猫科动物凭借其高超的捕猎技巧而成为兽类中极为成功的一个类群，并演化出众多不同的物种。从利爪到牙齿，从骨骼到肌肉，从健美的体型到充满爆发力的动作，从迷彩般的毛色花纹到隐秘的活动习性，猫科动物似乎是专为捕猎而生的，它们是食肉动物中传奇的王者。

豹 *Panthera pardus*

- **英文名** Leopard
- **常用俗名** 金钱豹，豹子，花豹，文豹。
- **濒危保护级别** 中国 I 级；CITES：附录 I；IUCN 红色名录：NT（近危）；红皮书：极危。
- **形态概述** 体长 100～191 厘米，尾长 70～100 厘米，体重 37～90 千克。形似虎而稍小，头圆，耳短，颈稍短，尾长超过体长之半，四肢粗短有力，前足 5 趾，后足 4 趾，爪强锐灰白。体色橙黄，全身布满大小不同的黑斑和古钱状黑环。
- **鉴别要点** 毛色与花纹独特，非常容易与云豹和金猫相区分。

在华南虎早已远去的西南山地丛林中，豹已经是森林食物链顶端名副其实的森林之王。它们具有健壮的身体、敏锐的感官、强健的力量、隐秘的行踪。在人们的心目中，豹乃是力量、高贵与神秘的象征。

历史上，豹在我国的分布范围非常广，在东北、华北、西南、华中和华南的林地中都有记录。但由于被人类作为威胁人畜安全的"害兽"以及可以提供毛皮、药材等有重要经济价值产品的"经济动物"，豹在历史上也长期被人类作为猎杀的直接目标。人类对森林的直接砍伐以及由于基础设施建设、农业开发、城镇发展而对残留林地的蚕食和分割，也严重威胁到了豹的栖息地。同时，人类对森林食草动物的捕猎，也使得豹可用的食物资源大大减少。到了现代，豹已经成为分布范围剧减、种群数量岌岌可危的濒危物种。

豹是纯粹的食肉动物，是极具效率的森林杀手。它们的食谱中最主要是森林中活动的各种有蹄类食草动物，包括野猪、小鹿、林麝、毛冠鹿、斑羚等。只有这些处在食物链中部的食草动物的种群维持在一个较高的水平，才能够供养得起一个有效的豹的繁殖种群。因此，豹在一个地区的存在，往往可以作为那里的森林生态系统保持健康活力的标志。它们通过捕食，调控着林中食草动物的种群数量。

豹是独居动物，平时行动隐秘，活动范围非常大，对人的存在更为敏感，很少有人能够在野外直接见到它们的身影。因此，红外触发相机就成为探测、记录它们活动的最有效工具。2008 年，我们设置在秦岭山区的相机就为我们带来了令人欣喜的好消息：安放在山梁高处原始森林中的一台相机捕捉到了一只豹在镜头前从容经过的优雅身影！秦岭地区数十年来的自然保护工作使得这里的有蹄类动物种群和森林栖息地得到了较好的恢复，历经苦难幸存下来的豹种群也在这里找到了它们理想的避难所。

雪豹 *Uncia uncia*

- **英文名** Snow Leopard
- **常用俗名** 艾叶豹，土豹。
- **濒危保护级别** 中国 I 级；CITES：附录 I ；IUCN 红色名录：EN（濒危）；红皮书：濒危
- **形态概述** 体长 100～130 厘米，尾长 80～100 厘米，体重 38～75 千克。体型似豹而略小，头小而圆，尾粗大。眼间和额部中央密布细小黑点。全身灰白，颈背部黑斑大而疏，尾背面有十余个黑环，尾端黑色。
- **鉴别要点** 毛色与花纹独特，非常容易与豹和云豹相区分。

作为活动区域海拔最高的一种大型猫科动物,雪豹远离尘世与人类的视野,具有一种与生俱来的神秘气质。它们被称做"雪山隐士"或"雪峰隐士",蓝天、雪山、峭壁、荒原,是它们栖息地景观的主要构成元素。由于分布地区通常偏远、难以到达,再加上雪豹本身活动习性极为隐秘,人们对于雪豹的了解极为有限,它们是目前科学研究最少的猫科动物之一。

雪豹活动的区域通常都在海拔 3000 米以上的陡峭山地,以高山上的岩羊、北山羊等有蹄类为主要猎物,也会捕食旱獭、雉类等小型动物。它们具有密实的毛发和宽大的脚掌,以适应恶劣的高寒气候和积雪。雪豹的尾巴又长又粗,可以为它们在陡峭地形中快速跳跃、奔跑时提供身体上的精准平衡,为猎捕与它们同样行动灵巧的岩羊、山羊而助力。英国 BBC 的纪录片曾幸运地拍摄到雪豹在野外捕食的精彩镜头,相信看过那些影片片段的人都会对雪豹高超的捕猎技巧而过目难忘。

▲ 雪豹(拍摄于四川卧龙国家级自然保护区)。照片中的个体从相机陷阱的侧后方走到镜头正前方,刚在岩壁上做完气味标记

2009 年初，我们在四川省汶川卧龙自然保护区得到了振奋人心的好消息：冬天时设置在海拔 4200 米的一处山梁上的红外触发相机拍摄到了雪豹的精彩照片！这也是邛崃山地区首次有确切证据的雪豹记录。这整个过程是一个非常有意思的故事，我们将在后面的"精彩纷呈的野外故事"（见第四章"高山上的隐形杀手"，第123~126页）中来详细讲述这个故事的来龙去脉。

亚洲金猫 *Pardofelis temminckii*

- **英文名** Asiatic Golden Cat
- **常用俗名** 红春豹，芝麻豹，狸豹。
- **濒危保护级别** 中国Ⅱ级；CITES：附录Ⅰ；IUCN 红色名录：NT（近危）；红皮书：极危。
- **形态概述** 体长 71 ~ 105 厘米，尾长 40 ~ 56 厘米，体重 9 ~ 16 千克。体型稍小于云豹，尾长超过头体长之一半。毛色变异很大，常见的有麻褐色型（狸豹）、灰褐色型（芝麻豹）、红棕色型（红椿豹）、黑色型（墨豹）。各色型的面纹颇一致，两眼内角各有一条宽白纹，其后连接深色纹直至后头部。尾均为二色，尾背似体色，尾腹浅白。下颌、喉、胸、腹均有横纹或不规则斑点。
- **鉴别要点** 体型和毛色、花纹明显区别于同域分布的豹猫和云豹。

▲ 亚洲金猫。左图为罕见的花斑色型（拍摄于四川唐家河国家级自然保护区），右图为常见的普通色型（拍摄于四川老河沟自然保护区）

亚洲金猫是一种美丽优雅的猫科动物，以多变的色型而著称。由于它们的体型明显大于豹猫，而类似家犬的大小，因此被当地人称为"狗豹子"。虽然民间根据金猫皮毛花色分为"红椿豹"、"芝麻豹"、"墨豹"和"狸豹"四种，但科学家只把金猫的色型分为两种，即普通的金色型和较罕见的花斑型。

亚洲金猫是林间的孤独杀手，小型的哺乳类动物（例如林麝、毛冠鹿、小麂）、雉类甚至爬行动物都是它们猎捕的对象。在四川岷山地区，对亚洲金猫进行的食性分析研究显示，红腹角雉是它们最为偏好的猎物。在没有华南虎和金钱豹的森林里，金猫就是绝对的顶级捕食者。像其他猫科动物一样，它们的繁殖场所非常隐秘，树洞或岩洞都可能是它们的家。和家猫不同，金猫每胎只产崽1~2只，而且金猫父母共同参与抚育后代。

在我国，亚洲金猫是国家二级保护野生动物。在华南虎野外灭绝，金钱豹、狼、豺等大型食肉动物难觅行踪的山地森林里，中等体型的金猫的存在就显得更加有意义。作为顶级肉食动物，它们维持着森林生态系统的平衡。目前，据专家估测，亚洲金猫全球数量仅存 3000～5000 只。但是人类为了获取它们漂亮毛皮的盗猎行为以及栖息地丧失、栖息地破碎化等因素还在严重地威胁着它们的生存。

豹猫 *Prionailurus bengalensis*

- **英文名** Leopard Cat
- **常用俗名** 野猫，狸猫。
- **濒危保护级别** CITES：附录Ⅱ；IUCN 红色名录：LC（无危）；红皮书：易危。
- **形态概述** 体长 40～60 厘米，尾长 22～40 厘米，体重 2～3.5 千克。体型类似家猫，全身遍布棕黑色大小斑点。两眼内侧至额后各有一条白色纹，从头顶至肩部有四条黑褐色点斑，耳背具有淡黄色斑。尾巴背面有褐斑点或半环，尾端黑色或暗棕色。

豹猫因满布豹纹斑点的华丽皮毛而得名，它体型大小似家猫，故当地人又称为"猫豹子"。豹猫是中国分布最广、种群数量最多的小型猫科动物，从寒冷的东北到炎热的海南都有豹猫的身影，这样大跨度的南北分布，使中国拥有 5 个豹猫的亚种。豹猫的花纹和毛色根据其南北分布的不同也有区别，分布靠北的豹猫毛色普遍较浅且发灰，色斑花纹与底色的反差也不及靠南分布的豹猫那么分明。即使在同一地区分布的豹猫，其毛色和花纹也有细微差别，就如人的指纹一样没有完全的重合。

豹猫不仅广泛分布在森林里，它们也时常光顾周边的社区，社区居民经常反映豹猫偷食家禽的事件。其实这绝非偶然，豹猫是个不折不扣的机会主义者，它们习惯晚上外出觅食，只要路过能够果腹的食物，它们都不会放过，例如，鼠类、鸟类、两栖爬行类甚至昆虫等。一只唾手可得的家鸡更是它们不会拒绝的美味，喜欢与人类生活在一起的啮齿类动物也是豹猫的最爱。豹猫还有个标志性的动作，把粪便拉在光秃秃的路面或石头上，其实这是它们划定领域的"界碑"。一只成年豹猫的家域面积大约 1 ~ 8 平方千米。豹猫一般春季开始配对繁殖，平均每胎产仔 2 ~ 3 只，主要由母豹猫抚养幼崽。豹猫是拥有极强好奇心的猫科动物，在夜间遇到人类时，它们往往不选择立即逃跑，而是溜进路边的灌丛悄悄地观望，这也是夜间动物观察者一睹豹猫芳容的最佳机会。

▲ 豹猫（拍摄于四川王朗国家级自然保护区），为西南地区最为常见的野生猫科动物

虽然豹猫是我国种群数量最大的小型猫科动物，也没有列入我国的一、二级重点保护动物目录，但作为自然界食物链上层的动物，豹猫对自然界生态平衡起着重要的作用。目前，豹猫的主要威胁还是来自人们追求其毛皮和肉而进行的猎捕、毒杀等行为。

树影里的隐秘身影——其他食肉类

除了熊类和猫类，西南山地的森林中还分布有其他非常多样的食肉动物，包括灵猫类、鼬类、獾类、犬类等。它们的活动习性各有不同，有的昼伏夜出，有的专在晨昏活跃，有的则选择白天活动；而且它们的食性也千差万别，有的专门吃肉，有的荤素各半，有的甚至近乎完全的素食。凡此种种，但它们都有着一个共同的特点，那就是活动隐秘，行踪难觅。因而，红外相机就成为记录它们的最佳选择，为我们展现出林中树影下的众多隐秘身影。

花面狸 *Paguma larvata*

- **英文名**　Masked Palm Civet
- **常用俗名**　果子狸，苇子，白鼻狗。
- **濒危保护级别**　CITES：附录Ⅲ；IUCN 红色名录：LC（无危）；红皮书：近危。
- **形态概述**　体长 46～69 厘米，尾长 44～59 厘米，体重 2～4 千克。颜面部有明显白斑，头额中央一条白纹最为显著。整个躯体没有斑纹，体背与四肢为黑褐色或棕黄色，腹部灰白色。四肢短而尾长。
- **鉴别要点**　独特的颜面部斑纹是其主要鉴别特征。整个躯体没有斑纹，区别于分布区更靠南方的椰子狸。

花面狸这个名字对于很多人来说可能比较陌生，但如果提起它的另一个名字——果子狸——的话，相信大多数人都曾耳闻。很多人对果子狸的深刻印象来自2003 年肆虐全国乃至全球的 SARS（重症急性呼吸综合征，俗称"非典"）疫情。由于 SARS 疫情爆发后，科研人员在当地野生动物餐馆非法售卖的果子狸体内检测到了与感染人体的 SARS 冠状病毒同源的病毒，因此，果子狸曾一度被认为是 SARS 病毒的源头：在野生动物餐馆贩卖野味的过程中，这种病毒得以通过果子狸的携带传播给了人类。

长着一张小丑般花哨的脸谱而得名的花面狸，身体却是低调的灰褐色。因酷爱采食野果，所以人们又把它称为果子狸。花面狸是我国分布纬度最北的灵猫科动物，同时也是分布最广的灵猫科动物，从最北端的北京西郊到最南端的海南岛都有它们的身影。我们在许多自然保护区安装的红外触发相机都曾经记录到它们的行踪。

与它们的远亲猫科动物不同，花面狸是杂食性动物。当春暖花开的时候，果子狸喜欢顺着溪流活动，因为那里有美味的蛙类。每年 5、6 月份是野樱桃成熟的季节，每当夜幕降临，它们便成双结对地爬上樱桃树大啖其果。虽然它们胖乎乎的五短身材在地面显得有些笨拙，但爬树功夫可是一流，连树冠细枝上的果实也能轻易取食，保持平衡的长尾巴和锋利的爪子此时发挥了重要的作用。西南地区中低海拔的森林里拥有丰富的野生水果资源，在漫长的夏秋季节，源源不断的野果为花面狸提供了丰富的食物来源。这段时间也是它们繁衍后代的黄金季节。

▲ 花面狸（拍摄于四川王朗国家级自然保护区）

花面狸是种非常害羞和胆怯的动物，一旦发现人类，不管是在树上还是在路边，立即择路而逃，所以在夜间观察动物时很难近距离目睹它们的身影。不过借助于望远镜，我们可以利用其喜食野果的习性在果树附近进行观察。

小熊猫　*Ailurus fulgens*

- **英文名**　Red Panda
- **常用俗名**　红熊猫，九节狼，九节狸。
- **濒危保护级别**　中国Ⅱ级；CITES：附录Ⅰ；IUCN 红色名录：VU（易危）；红皮书：易危。
- **形态概述**　体长约 60 厘米，尾长 40～49 厘米，体重 4.5～6 千克。体小而肥状，头部短而宽，颜面似猫但吻部突出。体毛红褐色，耳缘具白色长毛，尾粗长，具 9 个棕红及沙白色相间的环纹。
- **鉴别要点**　独特的毛色与面部特征使其不会与其他动物相混淆。

小熊猫也被称作红熊猫，在我国西南地区的森林中，是长相最为讨人喜爱的动物之一，往往在动物园中也是游客争相拍照的明星。随着好莱坞的系列动画片《功夫熊猫》的全球热映，以小熊猫为原型所塑造的中国功夫大师"师傅"的形象在全世界都广为传播，家喻户晓。

虽然小熊猫和更为出名、有着"国宝"之称的大熊猫在名字上仅仅一字之差，但它们两个在分类上却分属完全不同的两个类群：大熊猫是熊类中的一种，而小熊猫则和浣熊有着最近的亲缘关系。如果说它们两个有什么最大的共同之处，那就是它们的食性。大熊猫和小熊猫都以竹子为主要食物，因此粪便中未能消耗完的竹节、竹叶就是在野外鉴定它们活动痕迹时最重要的依据。

在人类的眼中，模样可爱的小熊猫好似萌宠，让很多人都想近距离亲近、接触。但在科学家对人工圈养的小熊猫开展保护繁育项目的过程中，一系列的经验和教训告诉我们，人类所认为的"友好"行为，在动物眼中则可能对它们带来巨大的压力与威胁。在动物园中，正在哺育幼崽的小熊猫如果受到人为活动（例如高声说话、使用闪光灯拍照、近距离观察甚至接触）的影响与干扰，就会把幼崽叼上，频繁地更换哺育地点。如果这种干扰的强度和持续时间大到一定程度，甚至会导致小熊猫妈妈吃掉自己的幼崽！这是野生动物在长期进化过程中，所演化

▲ 小熊猫（拍摄于四川卧龙国家级自然保护区）

出的对外界刺激和威胁的一种行为应对。小熊猫的例子，也提醒着我们，在与动物打交道的过程中，无论是家养的宠物还是野生的动物，我们需对自身种种"自以为是"的想法和行为予以纠正，以更为严谨的态度和科学的方式来与它们相处。

青鼬 *Martes flavigula*

- **英文名** Yellow-throated Marten
- **常用俗名** 黄喉貂，蜜狗，两头黑，黄腰狸。
- **濒危保护级别** CITES：附录Ⅲ；IUCN 红色名录：LC（无危）；红皮书：近危。
- **形态概述** 体长 52~72 厘米，尾长 39~52 厘米，体重 2~3 千克。大小似猫，头较尖细，耳小而圆，四肢较短，躯体细长。毛色鲜亮，喉胸部橙黄色，头及尾黑褐色，从肩至腰由黄褐色转为暗褐色。
- **鉴别要点** 身体细长，头尾黑色而躯体带黄色。

　　虽然"青鼬"才是它们正式的中文名字，但更多的时候，人们还是以"黄喉貂"来称呼这种在林区比较常见的鼬科动物；而在当地人口中，"黄腰狸"则是它们的俗称。不管被冠以哪个名字，大多数人都会一致地认为：这是一种非常漂亮的动物。虽然没有花哨的斑纹，但头、尾的黑色和身体中部的亮黄色形成了强烈的颜色反差和对比，使得它们看上去相当醒目。

　　黄喉貂主要在白天活动。虽然它们的体型并不是很大，但却是一种行动快速敏捷、攀爬能力高强、性情凶猛的食肉动物。它们通常以鼠类等小型兽类和各种鸟类为食，甚至可以捕杀幼年的林麝、小鹿等食草动物。野外的黄喉貂往往雌、雄成对活动，我们设置在野外的红外触发相机经常能够拍到两只黄喉貂先后从镜头前跑过，有时还能抓拍到父母带着数只还未成年的幼体一同外出的场景。

▲　青鼬（拍摄于四川九顶山自然保护区）。常常成对活动，如照片所示

黄鼬 *Mustela sibirica*

- **英文名** Siberian Weasel
- **常用俗名** 黄鼠狼。
- **濒危保护级别** CITES：附录Ⅲ；IUCN 红色名录：LC（无危）；红皮书：近危。
- **形态概述** 体长 26～36 厘米，尾长 14～27 厘米，体重 0.2－0.8 千克。身体细长柔软，全身背腹棕褐色或棕黄色。尾长约为体长的1/2。雌兽体型较小，约为雄兽的1/3。鼻孔下缘两侧有一小白斑，并与唇周围、额部的白色相连。
- **鉴别要点** 深色的尾尖和黑色的"眼罩"是黄鼬的主要鉴别特征。与体型更小的香鼬相比，黄鼬的尾巴更长，占体全长的比例更大，尾毛更显蓬松，且背腹毛色一致（香鼬背腹毛色不同，腹部毛色较浅）。

　　黄鼬是一种分布范围很广、体型修长的鼬科动物。我们自小可能都熟知一句俗语："黄鼠狼给鸡拜年——没安好心"；这里所说的"黄鼠狼"，指的就是黄鼬。在广大的农村地区，黄鼠狼溜入农户家中偷鸡的事情也偶有发生，但家禽并不是黄鼬的主要食物。黄鼬是比较纯正的"肉食"动物，食谱中包括多种小型动物，其中又以老鼠等啮齿类动物为其最爱。由于黄鼬对不同的环境有很强的适应能力，因此，在当代喧嚣的城市中，它们也可以与人比邻而居、和睦共处，四处捕食家鼠，为人类清除鼠害。历史上，黄鼬也是传统的小型"毛皮兽"之一，被人们大量捕捉以获取其毛皮；其蓬松尾巴末梢上的棕黑色长毛，就是制作上等毛笔所用"狼毫"的来源。

　　黄鼬大多在夜间活动，但红外触发相机偶尔也能在白天捕捉到它们在林间穿梭的身影。带着黑色末梢的长尾巴、呆萌萌的小脸就是它们标志性的特征。黄鼬在活动时，奔跑加上跳跃是主要的移动方式。在野外，我们经常可以看到它们灵动的身影——跳跃在雪地、草皮之上，穿行在倒木、岩石之间，四处搜寻着隐匿的老鼠和鼠兔等小型猎物。在冰雪漫野的冬季，它们会换上更加密实的冬毛，好抵御冬日的严寒。虽然毛茸茸的冬衣让它们看起来显得体型滚圆，但它们的身手还会和往日里一样矫健。

▲ 黄鼬（拍摄于四川王朗国家级自然保护区）。照片拍摄于冬季，密实的冬毛让它显得体型滚圆

猪獾 *Arctonyx collaris*

- **英文名** Hog Badger
- **常用俗名** 獾子，土猪子。
- **保护级别** CITES：未收录；IUCN 红色名录：LC（无危）；红皮书：易危。
- **形态概述** 体长 55～70 厘米，尾长 14～17 厘米，体重 6～10 千克。体型肥壮。鼻吻部狭长裸露而圆，似猪鼻。体毛黑褐色，间杂灰白色针毛。前额到额顶中央有一道较宽的白色条纹，两颊在眼下各有一条污白色条纹，下颌及喉部白色。
- **鉴别要点** 最有可能与狗獾相混淆，主要区别在于：猪獾的鼻垫与上唇之间裸露（狗獾被毛），且喉部为白色（狗獾为黑棕色）。

在众多的森林动物中，猪獾有着略显滑稽的形象：小丑般的面部条纹，浑圆的体型，走起路来经常是慢悠悠的又稍带点左摇右摆，一旦受惊跑起来则看似十分笨重的样子，更显狼狈。如果你夜间在林区道路上开车，经常能在车灯的光柱下看到它们仓皇跑动的身影。

在红外触发相机调查中，我们通常会在相机前方插上一根小树枝，在树枝的末梢涂抹上一点气味引诱剂。这种引诱剂会散发出浓郁的味道，非常类似于野生动物身上各类气味腺体分泌物的气味。有很多种野生动物从相机附近经过时，一旦嗅闻到这个气味，都会感到好奇，会追踪着气味的来源一探究竟，从而增加红外触发相机拍摄到这些动物的概率。猪獾就是一种对这种气味引诱剂相当执著的动物。我们的红外触发相机经常拍摄到被吸引到镜头前的猪獾，它们使劲地嗅闻涂有引诱剂的小树枝，甚至还会压倒树枝，在上面打滚、磨蹭。或许，它们以

▲ 猪獾（拍摄于四川王朗国家级自然保护区）。正在相机陷阱前方涂抹有气味剂的地方打滚

为这个气味是某个外来动物个体有意留下的标记，而它们则试图用自身腺体分泌物的气味把它覆盖掉，就好像在对这个"外来户"宣布，它们才是这片领地的所有者！

森林中的行者——有蹄类

有蹄类通常是指偶蹄目的兽类，它们大都是森林中的食草动物。在一个健康的森林生态系统中，有蹄类往往都有着比较多的数量，它们留下的大量粪便和食迹是森林中最为常见的野生动物痕迹。有蹄类在整个森林生态系统的功能维持和能量流动中具有极为重要的作用：一方面，它们通过取食，影响、控制着处于食物链底层的植物的生长与分布；另一方面，它们又作为主要的猎物来源，供养着处于更高营养级的大中型食肉动物。有如任劳任怨的稳健行者，有蹄类背负着森林中生态功能正常运转的重任。

野猪 *Sus scrofa*

- **英文名** Wild boar
- **常用俗名** 山猪。
- **濒危保护级别** CITES：未收录；IUCN 红色名录：LC（无危）；红皮书：未收录。
- **形态概述** 体长 100～130 厘米，尾长 17～23 厘米，体重 50～200 千克。体型似家猪，吻部突出。雄体上下獠牙发达，上翘露出唇外，雌体獠牙不发达。耳朵小而直立。全身以黑色为主，被有硬的针毛，背脊的鬃毛发达。
- **鉴别要点** 与家猪的区别：头部比较细长，吻部十分突出，四肢细长；雄性獠牙发达。

说起野猪，大家应该都不陌生。作为被人类所驯化的家猪的祖先之一，野猪在外形上与我们所熟知的家猪还是有着一些差别的，包括健壮而不臃肿的体型，全身浓密的毛发，头部突出的吻鼻，以及嘴中发达的獠牙。野猪幼崽的体表具有清晰的纵向条纹，再加上其体型浑圆可爱，因此常被我们戏称为"西瓜猪"。除了这些外形上的差别，野猪的性情也和家猪迥异，生性机敏而脾气暴躁。护崽或受伤的野猪敢于向任何它所认为有威胁的目标，包括其他野生动物和人，发起狂暴的进攻。强健而壮硕的体型，尖锐而有力的獠牙，强大的爆发力和冲击力，以

▲ 野猪（拍摄于陕西长青国家级自然保护区）。具有强大的繁殖力，幼崽数量众多，因体表的花纹被称为"西瓜猪"

及无所畏惧的勇气和誓不低头的坚韧，这些特点的组合，使得它们的攻击往往迅猛而致命。在我国很多地方的林区，流传着"一猪二熊三老虎"的俗语。野猪的凶猛与危险程度，竟被排在黑熊与老虎之上！

野猪的食性庞杂，对于在林中遇到的所有可以拿来果腹的东西都来者不拒。它们的食物清单上，包括有植物枝叶、块根块茎、果实种子、作物庄稼、鸟卵青蛙、动物尸体等。因此，野猪对于多种不同的环境都有着良好的适应能力。同时，野猪也有着惊人的繁殖力。成年的雌性野猪一次可以产下十多只幼崽，我们设置在野外的红外相机就多次拍摄到野猪家长带领着一群小猪在林中扫荡的场景。良好适应性和强大繁殖力的结合，使得野猪这个物种的种群一旦失去了自然的调控，就能够在短时间内形成爆发性增长，进而带来多种生态和社会经济方面的问题。在我国的一些林区，长期以来的人为捕猎压力造成了虎、豹、豺等大中型食肉动物的缺失，而这些食肉动物正是能够控制野猪种群的自然约束力。缺少了这些天敌，再加上近年来我国在野生动物保护和栖息地恢复方面投入的加大，野猪在很多地方都呈现出种群过快增长、引起麻烦和冲突不断的情况。

过多的野猪所引起的问题，体现在多个方面。从其自身种群来说，快速增长的种群规模和过高的种群密度，使得其种群内部发生致命性传染病（也就是瘟疫）的风险大大增加。在部分进行调查的地区，我们从当地居民那里了解到，这些年来野猪的种群已经自然出现了周期性的"爆发-崩溃"的现象，而致命的传染病，则是造成其种群崩溃的直接原因。这些传染病的发生，对于森林中生活的其他有蹄类动物来说也是极大的威胁，有可能直接威胁到其他更为濒危的物种。从其所处的生态系统来说，过多的野猪会消耗掉大量的食物，造成林下植被的毁灭性破坏和森林幼苗更新的中断。而对于生活在山区的当地居民来说，由野猪引起的不断加剧的人–兽冲突也是令他们头疼的问题。成群的野猪让人防不胜防，往往会在庄稼即将成熟的季节来到田里扫荡一空，使得山民辛勤劳作一年而丰收在望的生计转眼成空。而在我国大部分地区，还没有建立起完善的对野生动物造成的居民经济、财产损失的定损、赔偿机制，因此这些受损的居民往往申诉无门，不能从野生动物主管部门或当地政府得到相应的补偿，或仅仅得到很少比例的赔偿。久而久之，当地人对野猪的愤恨就可想而知。

林麝 *Moschus berezovskii*

- **英文名** Forest Musk Deer
- **常用俗名** 獐子，香獐，香子，林獐。
- **濒危保护级别** 中国 I 级；CITES：附录 II；IUCN 红色名录：EN（濒危）；红皮书：濒危。
- **形态概述** 体长 60 ~ 80 厘米，尾长 3 ~ 5 厘米，体重 6 ~ 9 千克。体型稍小于马麝，臀高于肩。成体毛色暗褐，染橘红色泽。两颊下方至前胸部有一白色或淡黄色的颈纹。毛粗硬，呈波状弯曲，脆而易脱落。雄麝犬齿长而弯曲，在后腹外生殖器部位有麝香腺囊。
- **鉴别要点** 喉部至胸部明显的浅色颈纹是其区别于相近物种的显著特征。此外，耳廓内缘具长毛而区别于小麂。毛的形状与质地独特，常在粪便处可以发现脱落的毛，可凭此进行鉴定。

　　林麝这个名字，可能对很多人来说比较陌生，真正在野外见过它的人就更是凤毛麟角。但对于中医药里著名的传统药材和香料、素有"软黄金"之称的"麝香"，大部分人则是耳熟能详。麝香，就是麝科动物成年雄性个体身上麝香腺的分泌物，平时储存在其身体后部的麝香囊中。我国是麝科动物的主要分布区，其中的林麝，则是分布范围最广、提供麝香产量最多的一个物种。

　　麝是一种小型的偶蹄目动物，从进化上来说，与鹿类的亲缘关系最近，在分类学中曾一度被归入鹿科之下。但在最新的分类系统中，由于其具有相对鹿类更原始的形态特征，同时分子生物学的证据也显示，在进化的系统树上，它们很早之前就已经与其他鹿科动物分化开来，因此被归入了单独的麝科。

　　林麝生性羞怯，平时都是独居。正如其名所述，林麝主要分布在森林类型的栖息地中，从低海拔的阔叶林，到中高海拔的针阔混交林，以及高海拔的针叶林中，都能见到它们的身影。它们也是这个生态系统中唯一能够上树的偶蹄类动物。足部独特的结构，使它们能够稳稳地爬上倾斜的树干或树枝，从而躲避天敌的追捕。

　　林麝的毛发质地松脆，而且很容易脱落。因此，在它们卧伏休息过的地方和排便的地方，经常能够发现它们那种掉落在地上、具有独特波浪形特征的毛发。

林麝的粪便形状如同大号的米粒，往往排在它们活动的兽径上比较显眼的地方，而且还会在不同的时间反复在同一地点排便，形成新旧程度不一的粪堆。由于成年雄性个体的新鲜粪便具有一种特殊的气味，有经验的老猎人通过嗅闻，就可以判断留下粪便的个体的性别。

历史上，林麝的分布范围很广，种群数量也很大。但由于上个世纪80年代以来中药材市场和香料市场上麝香价格的大幅增长，野生林麝被人类大量猎捕，造成了近二三十年来种群数量的急剧下降，变成了一个濒危物种。因此，在2001年，我国野生动物主管部门把所有麝科动物的保护级别都提升为国家一级，加大了保护力度。在世界自然保护联盟的物种红色名录评估中，林麝的濒危级别也在2008年的最新评估中，从1996年评估的"低危/近危"升级为"濒危"。

▲ 林麝（拍摄于四川卧龙国家级自然保护区）。胆小谨慎，在镜头前通常都显得小心翼翼

小麂 *Muntiacus reevesi*

- **英文名** Reeves' Muntjac
- **常用俗名** 麂子，黄麂，黄麂子。
- **濒危保护级别** CITES：未收录；IUCN 红色名录：LC（无危）；红皮书：易危。
- **形态概述** 体长 79～90 厘米，尾长 13～16 厘米，体重 10～13 千克。雄性具角柄短小的两叉骨质角，第一叉短小，主叉尖端向内后弯。臀高肩低，四肢细长。额部两侧各具一条较宽的黑纹，雄体的黑纹向后延伸直达角基末端，雌体的黑纹在头顶中央汇合成近菱形的黑斑。体背毛色为棕褐色或黄褐色，尾下部白色。
- **鉴别要点** 雄麂形状独特的双角及角基的两道黑纹使其非常容易与其他小型偶蹄类相区分。雌麂可依据其黄褐的毛色、头顶的菱形黑色斑、尾巴翻起时醒目的白色进行鉴定。

▲ 小麂（雄性，拍摄于四川唐家河国家级自然保护区）

由于毛色通常为黄褐色或棕黄色，小麂也常被称为黄麂。雄性小麂的头顶长有 2 只短小的角，而雌性则没有，因此很容易在外形上就区分出它们的性别。小麂通常单独活动或成对活动，具有比较固定的活动范围和路线。因此，如果野外实地看到小麂，那么在同一地点再次发现它们的概率就比较大，设置下的红外触发相机也就很有可能拍摄到它们的活动。

野外的小麂活动时非常警觉，一听到什么风吹草动就会停下来警觉地四处张望。一旦被人或者食肉动物惊吓，它们就立马大步跳跃着逃离，同时尾巴还夸张地上下摆动，反复露出尾下和臀部亮白色的区域，在森林中看起来非常地显眼。对于这种行为，科学家认为有两种可能：一种是，小麂通过这种展示，给附近活动的其他同伴报警；另一种解释则是，通过快速地交替展示与遮蔽这片显眼的白色，小麂可以在躲避天敌追赶时，让紧追在后面的捕食动物看花了眼，从而保证自己能够顺利逃脱。考虑到小麂并不是一种群居的动物，我猜想后一种解释成立的可能性要更大一些。

虽然胆小警觉，但小麂的好奇心却非常强。如果它在受惊逃离之后，发现后面没有人或捕食动物追赶上来，那么就会在不远处停下来，好奇地回头张望，好似在努力想搞明白到底是怎么回事。如果你在野外与小麂近距离偶遇，那么这一时刻，就是举起望远镜仔细观察，或举起相机拍照的最佳时机。

毛冠鹿 *Elaphodus cephalophus*

- **英文名** Tufted Deer
- **常用俗名** 麂子，青麂。
- **濒危保护级别** CITES：未收录；IUCN 红色名录：NT（近危）；红皮书：易危。
- **形态概述** 体长 80 ~ 170 厘米，尾长 7 ~ 13 厘米，体重 15 ~ 28 千克。前额具一黑褐色马蹄形冠毛。雄性残留一对隐于毛中的不分叉短角，上犬齿露于唇外。眶下腺发达，泪窝与眼眶几乎等大。整体毛色暗褐或灰黑色，尾巴背面黑色，腹面白色。
- **鉴别要点** 明显的黑色冠毛、显著的泪窝、黑白相间的耳朵和腹面白色的尾巴是毛冠鹿最主要的鉴别特征。

毛冠鹿是一种小型的森林鹿科动物，体型比小麂略大，毛色灰黑或青黑，因此也被当地老乡称为青麂子或青鹿子。在森林生态系统中，它们是食物链中更高等级的大中型捕食动物的重要食物来源之一。在日常的野外工作中，我们经常可以在这些食肉动物（例如豹、亚洲金猫和亚洲黑熊）的粪便中发现毛冠鹿的毛发。

毛冠鹿是仅分布于我国的特有种（在缅甸北部也曾有报道，但近年来未有确切的记录），在西南地区和华中、华东都有记录，曾是一种重要的毛皮兽。但对毛冠鹿的野外生态学却少有研究，我们目前对于这个物种的了解仅仅局限于对少量圈养个体的生理、繁育、行为上的少量研究。因此，从 2012 年春季开始，我们在四川的岷山地区启动了一个毛冠鹿野外生态学研究项目，计划通过捕捉野外个体、佩戴 GPS 颈圈的方法，了解毛冠鹿的活动模式、家域范围、季节性迁移以及栖息地选择等信息。

▲ 毛冠鹿（拍摄于四川卧龙国家级自然保护区）。头顶正中耸起的冠毛正是它名字的由来

水鹿 *Cervus unicolor*

- **英文名**　Sambar Deer
- **常用俗名**　黑鹿，春鹿，鹿子。
- **濒危保护级别**　中国Ⅱ级；CITES：未收录；IUCN 红色名录：VU（易危）；红皮书：易危。
- **形态概述**　体长 130～260 厘米，尾长 20～24 厘米，体重 150～315 千克。体型粗壮，颈长，具长而蓬松的鬣毛。尾甚长，密生长而蓬松的毛，显得很粗大。身体两侧栗棕色，背脊色稍深。无白色臀斑。雄鹿具角，眉叉与主干成锐角，共分 3 叉。
- **鉴别要点**　雄鹿3叉的角形明显区别于其他鹿类。较深的体色、粗大的尾巴、无白色臀斑而区别于白唇鹿、白臀鹿（马鹿昌都亚种）。

▲ 水鹿（雄性，拍摄于四川卧龙国家级自然保护区）。这台相机陷阱装置设置在保护区内一处天然盐井，拍摄到大量水鹿活动的影像

水鹿广泛分布于东亚和东南亚的热带与亚热带丛林之中，是一种典型的森林食草动物。在曾经被虎、豹、豺、狼这些大型食肉动物统治的森林中，体重可达两三百千克的水鹿对它们的生存来说是最为重要的大型猎物之一。如果这些食草动物被人类捕杀殆尽，即使有少量大型食肉动物能够侥幸残存下来，当它们面对空空如也的森林，其种群的繁衍也将无以为继。

成年的雄性水鹿长有粗大、雄壮的鹿角，每支角分为 3 叉，最长可达 1 米以上，是它们相互打斗、争夺配偶、抵御敌害时的重要工具。雄鹿的鹿角每年都会脱落，然后再长出一付新的鹿角。而这个过程除了会消耗掉大量的能量和营养之外，还需要其身体摄入大量的矿物质以供给大角的生长。这使得水鹿对于天然的盐井有着极大的需求，它们通过舔食矿物质土或饮用富含矿物质泉水的方式来满足身体所需。因此，我们布设在这些盐井附近的红外触发相机，就能够拍摄到大量水鹿的影像。

羚牛 *Budorcas taxicolor*

- **英文名** Takin
- **常用俗名** 羚牛，牛羚，野牛，盘羊。
- **濒危保护级别** 中国Ⅰ级；CITES：附录Ⅰ；IUCN 红色名录：VU（易危）；红皮书：濒危。
- **形态概述** 体长 190～210 厘米，尾长 10～20 厘米，体重 250～600 千克。大中型牛科动物，头颈、四肢粗壮。雌雄均具角，角型独特，长出后先扭转向外，再转向后，角尖再向内。羚牛毛色包括棕褐、棕黄、灰白、金黄等，个体间差异大。幼体通常为棕褐色。
- **鉴别要点** 壮硕的体型及独特的角型使其明显区别于分布区内其他大型兽类。

对于大多数人来说，羚牛是一种陌生的动物，不光是这名字陌生，长的样子也少有人见过或注意过。虽然与大熊猫、川金丝猴等同样是国家一级保护动物，但由于它们的栖息地远离人类活动区域，在大城市的动物园中通常也难觅其踪，长相又远不如大熊猫、金丝猴讨人喜爱，在科普和保护宣传中上镜率颇低，因此也难怪知名度赶不上其他两个"国宝"。

羚牛也叫牛羚、扭角羚，在四川被当地人称为盘羊或野牛。从外形上看，羚牛长得比较独特，甚至可以说有点"丑"：高耸的鼻梁，小小的耳朵，后翻的双角，臀部还明显低于肩部，在平地上走起路来往往拖泥带水，一摇一摆。但是，可不要小看了这个貌似笨拙、体重能达数百千克的大块头，当你有机会看到它们在陡崖、石山上灵活自如地攀爬、跳跃时，你会觉得它们才是高山上的主宰。

羚牛体型壮硕，被毛厚密，是典型的山地动物。其活动范围可以从低处海拔 1000 米左右的沟谷，一直到高处海拔 3000 米以上的草甸。在不同的季节，羚牛具有复杂的垂直迁徙的习性。在岷山北部的唐家河国家级自然保护区，科学家们在 2006 — 2008 年间给十几头羚牛带上了 GPS 追踪颈圈，使得我们能够对它们这一独特的习性有了深入的了解：冬季和春季，它们会下到低海拔河谷两侧的开阔地，然后在夏初逐渐爬到高海拔林线之上的高山草甸，在那里打斗、交配；两个月后又迅速向下，进入中等海拔段的针阔混交林，并在冬春之交再

▲ 羚牛。上图为毛色金黄的秦岭亚种，也被称为金毛羚牛（拍摄于陕西长青国家级自然保护区）；下图为四川亚种（拍摄于四川唐家河国家级自然保护区），四肢与体侧的毛色为深浅不一的棕黑色

次下到最低处的河谷，周而复始。

羚牛通常成群活动，在繁殖期甚至会临时聚集成数量超过百头的大群。但在繁殖期打斗中落败的成年雄性个体或老年个体，往往会脱离牛群，单独活动，被称为"独牛"。在野外近距离遭遇"独牛"是比较危险的，它们可能会对迎面遇到的人类发起主动攻击，数百千克的体重、强大的爆发力和末端尖锐的牛角，能够给猝不及防的人们带来严重的伤害甚至是生命的威胁。也因此，羚牛被列为这个地区最危险的野生动物之一。

在我们的红外触发相机调查中，羚牛是上镜率极高的物种。在某些保护区，例如，四川的唐家河自然保护区和陕西的长青自然保护区，羚牛的照片数量占到了红外触发相机拍到的所有野生动物照片的半数以上。究其原因，一方面是因为这些保护区内羚牛的种群密度很高；另一方面则是由于羚牛的体形硕大，可以在很远的距离就有效地触发被动式的红外相机。虽然面貌"奇特"甚至"丑陋"，但镜头前羚牛也给我们留下了众多或温馨安详或极具视觉冲击力的画面。

甘南鬣羚 *Capricornis milneedwardsii*

- **英文名** Southwest China Serow
- **常用俗名** 鬣羚，苏门羚，山驴，四不像。
- **濒危保护级别** 中国 II 级；CITES：附录 I；IUCN 红色名录：NT（近危）；红皮书：易危。
- **形态概述** 体长约 140 厘米，尾长 8～12 厘米，体重 80～120 千克。中等体型，耳廓发达，眶下腺明显。雌雄均具角，角的中下部有狭窄的横棱。体背毛色黑褐，上下唇及颊部灰白色，四肢下部锈红色或棕红色。
- **鉴别要点** 照片上易与斑羚混淆，区别在于：鬣羚体型更大、更粗壮，毛色更深；颈部至背部中央具特征性白色长鬣毛；耳朵长，似驴耳。有在固定地点排便的习惯，常形成大的粪堆。

甘南鬣羚常被人们简称为鬣羚，是生活在山地森林环境中的一种大型有蹄类食草动物。成年鬣羚具有健壮的体型，因其体型较大而被当地人称为"山驴"。虽然鬣羚上体毛色以黑色为主，但颈部背面长有非常显眼的长长的白色鬣毛，成

▲　甘南鬣羚（拍摄于四川卧龙国家级自然保护区）。颈背部白色的长鬣毛是它们明显的特征

为识别它们的最重要特征。

　　鬣羚是独居动物，性情羞怯惧人，因此在野外往往难见其真容。但它们具有沿着林中的固定兽径活动、在固定地点反复排便的习惯，因此堆积成片的鬣羚粪便在野外很容易见到。它们的粪便为颗粒状，形状为长椭圆形或两头钝圆的橄榄形，个头很大，非常容易识别。在鬣羚的粪堆附近，我们还往往会发现其他多种动物的粪便，包括小麂、林麝等小型有蹄类和豹猫等小型食肉类。这样的粪堆，看起来类似森林中的"公共厕所"，但实际上，这是在同一片空间中活动的不同种动物相互之间进行交流和传达信息的一个平台，可以为我们在野外判断周围有哪些野生动物活动提供重要的信息。

川西斑羚 *Naemorhedus griseus*

- **英文名** Chinese Goral
- **常用俗名** 斑羚，青羊，山羊，岩羊。
- **濒危保护级别** 中国 II 级；CITES：附录 I；IUCN 红色名录：VU（易危）；红皮书：易危。
- **形态概述** 体长 90～110 厘米，尾长 12～16 厘米，体重 20～30 千克。体型似山羊但颌下无须。雌雄均具角，尖端略下弯，除角尖外，其余均具明显的横棱。上体棕褐或灰褐色，颈部有黑色鬣毛，向后延伸为背脊纵纹。喉黄白色，具浅赭黄色边缘。
- **鉴别要点** 照片上与小的鬣羚易混淆，区别在于：斑羚体型较小，毛色更浅；颈部无白色长鬣毛，背脊黑色纵纹明显；角上的横棱比鬣羚更明显；耳朵相对鬣羚则较小、较短；没有明显的眶下腺。

川西斑羚常被简称为斑羚，是主要分布在我国西南地区山林中的一种中型食草动物。由于其体型与家养的山羊类似，因此也被当地的老乡称为山羊或青羊。在野外，斑羚经常被人们发现于陡峭的山崖或峰梁之上，在四川也被称做岩（读音为"挨"）羊。

斑羚不是群居的动物，在我们红外触发相机的镜头前，它们大多是单独出现，但偶尔也会被捕捉到成双成对的画面。它们似乎对于新奇的事物有着很强的好奇心，经常会在我们的相机镜头前驻足观察，盯着相机仔细端详，也由此而留下了众多记录着它们好奇目光的精彩照片。在野外，如果远远地遇到人类，它们也不会立刻转身而逃，而是先停下来跟你对望一会，仔细打量一番。如果判断出没有危险，它们则会悠然地转身，缓缓而去。

最让人印象深刻的，则是斑羚在悬崖峭壁上随心所欲、腾挪跳跃的身影。那些在我们看起来陡不可攀、高耸云端的绝壁之上，竟有着它们来往无阻、如履平地的通道。想来这也是千万年的进化历程中，面对自然界中天敌的紧追密捕，它们在行为和生境选择上演化出的应对策略之一。如果有幸在野外亲眼见到这一幕，你绝对会为它们在峭壁之上的每一步都捏上一把汗。它们于山峰之巅傲然伫立的剪影，是众多专业野生动物摄影师们所渴望追求的精彩一瞬。灵动，是我的心目之中，对斑羚这种动物最完美的诠释。

▲ 川西斑羚（拍摄于陕西长青国家级自然保护区）。沿着山梁上狭窄的兽径走来，迎面撞上陌生的相机陷阱装置，正在好奇地上下打量

岩羊 *Pseudois nayaur*

- **英文名** Blue Sheep, Bharal
- **常用俗名** 盘羊，高山盘羊。
- **濒危保护级别** 中国Ⅱ级；CITES：未收录；IUCN 红色名录：LC（无危）；红皮书：易危。
- **形态概述** 体长 101～140 厘米，尾长 13～20 厘米，体重 44～75 千克。形似绵羊，雄羊较雌羊大，头狭长，颌下无须。两性均具角，雄羊角粗大似牛角，向两侧稍下弯，角尖微向后，然后向上微弯。
- **鉴别要点** 雄性个体角形独特。四肢前面及腹侧的黑纹是其重要特征。

看到它的名字，你可能会猜测，岩羊这种动物得此名字是否是因为它们生活在遍布岩石的环境中？没错，正是"羊"如其名，岩羊所生活的栖息地，就是岩

▲ 岩羊（拍摄于四川卧龙国家级自然保护区）。四周的裸岩峭壁和背景中的广阔云海生动地勾勒出它们所栖息的环境

石林立、陡峭崎岖的高海拔草甸和流石滩。虽然偶尔也会下到较低海拔的高山灌丛和针叶林中，但绝大多数时间里，岩羊都是在那看似苦寒贫瘠的开阔生境中活动。恶劣的气候条件和崎岖的高山地形造就了岩羊坚忍的耐力和出众的体力。它们可以在陡峭的崖壁上灵活地奔跑、跳跃，以躲避天敌的追捕。

　　不同性别的岩羊在外形上具有显著差异。成年雄性岩羊头上长有一对弯弯的大角，雄壮而威风。这对大角是雄性在繁殖期时相互打斗、争夺雌性的工具，也会在受到天敌威胁时用于御敌，在走投无路的情况下奋力一搏。而雌性岩羊的角则要小得多，体型也较雄性为小。岩羊整体毛色灰黑，虽然近距离观察时你会发现它们的头部、腹部侧面和四肢前部具有边缘清晰的、明显的黑色斑块和条纹，但如果把这样的毛色放到遍布灰白色大石头的高山流石滩背景中远距离再看，你就会发现它们的毛色乃是这种环境中绝佳的保护色。它们如果静止不动的话，缺乏经验的人往往很难在远距离发现它们的存在。

岩羊往往聚集成群活动，在野外最多时可以见到上百头的大群岩羊。它们群体移动时，往往由健壮的成年雄性头羊带路，走在队伍的最前面；而雌性个体、亚成体和幼年的小羊，则走在相对安全的中间和后面。岩羊群体的结构不是特别固定，大群有时可以分散为若干小群，不同的小群相遇时也可以重新组成新的群。

在高海拔的环境中，岩羊是生态系统中大型食肉动物（例如雪豹、棕熊、狼）的重要猎物。尤其是对于雪豹来说，岩羊在其食物组成中占据了大部分乃至绝大部分的比例。没有一个健康活跃、数量充足的岩羊种群的话，当地的雪豹种群也将难以为继。我们设置在野外拍摄到雪豹的红外触发相机，也大都会拍摄到岩羊。雪豹每次捕杀岩羊后，会把猎物拖到一个相对安全的地方，慢慢享用上几天。而在这段时间内，其他的食肉动物也会闻风而来（例如棕熊、狼、赤狐），在雪豹离开的时候分享这免费的美餐。岩羊供养着这些处在食物链顶端的终极捕猎者，成为高山生态系统中不可或缺的一环。

被忽视的大多数——小型兽类

小型兽类这个概念并不是严格的分类学上的类别，而是科学家根据研究中的实际需求而设。为了便于操作和区分，根据动物的体重，把体重低于某一特定值的兽类都划分为小型兽类。这个体重的上限值没有统一的标准，研究者可以根据具体情况来设定，常用的标准包括 300 克、500 克或 1000 克。在我们从事野外调查的西南地区，地面活动的小型兽类主要包括三大类动物，分别是食虫类（食虫目的鼩鼱等）、啮齿类（啮齿目的鼠、松鼠类）和鼠兔类（兔形目的鼠兔）。

小型兽类虽然都很不起眼，往往被人们所忽视，但在整个生态系统中的兽类群落里，它们却是数量上、种类上和分布范围上的大多数。我们在前面曾经提到过，由于这些小型兽类体型太小、物种识别困难，因此不适于用红外触发相机来进行系统地记录和研究。但在野外调查的具体实践中，我们的红外触发相机也时不时能拍摄到这些小家伙的身影，留下了为数不少的影像。

▲ 中华竹鼠（拍摄于四川王朗国家级自然保护区）。小型兽类中的大块头，平日穴居，多在地下
活动，取食箭竹，让人难得一见

▲ 复齿鼯鼠（拍摄于四川王朗国家级自然保护区）。一种会"飞"的松鼠，可以借助四肢之间的
皮膜，从高处"起飞"，在空中滑翔

藏鼠兔 *Ochotona thibetana*

- **英文名**　Moupin Pika
- **常用俗名**　鼠兔。
- **濒危保护级别**　CITES：未收录；IUCN 红色名录：LC（无危）；红皮书：未收录。
- **形态概述**　体长 14 ~ 18 厘米，体重 70 ~ 140 克。体型小，全身圆球形，尾甚短，通常隐蔽不可见。耳廓圆。
- **鉴别要点**　卵圆的体型、看不到的尾巴、圆圆的耳朵是识别鼠兔的重要特征。

鼠兔的长相可用"呆萌"来概括：滚圆的体型，浓密的毛发，大大的圆耳，小而黑亮的眼睛，呆呆的表情——所有特征都使得它们看起来颇为讨人喜欢。藏鼠兔是种类繁多的鼠兔家族中的一员，分布在青藏高原东缘和东南缘的高山地带。

虽然体型很小，但鼠兔在高山和高原生态系统中的作用却极为重要，被称做维持整个生态系统的"基石物种"（Keystone Species）。它们繁殖力强，数量众多，是生态系统中各种各样的食肉兽类和猛禽赖以生存的重要食物来源。它们在草地上挖掘的洞穴对土壤中的营养循环也会起到重要作用，同时也为地山雀、雪雀等其他多种动物提供了栖身之所。

在草原地区，藏鼠兔的几个表兄弟（高原鼠兔、间颅鼠兔等）长久以来被政府作为"害兽"来进行毒杀和控制，认为正是由于鼠兔的泛滥，造成了草场和草原的退化，进而影响到畜牧业的维持和发展。其实，这是一种因果倒置的错误观点。鼠兔泛滥是草原退化之后的果，而不是因；过度放牧、不恰当的草场管理方式和气候变化才是草原退化的根源。对鼠兔的大规模毒杀会对脆弱的草原生态系统带来严重而深远的生态影响，造成大量食肉动物和猛禽由于"二次中毒"而受到间接伤害，打破原有的生态平衡。

在我们的野外调查中，设置在高山针叶林、高山草甸和草地的红外相机能够经常记录到藏鼠兔忙碌的身影。它们以多种植物为食，在温暖而短暂的夏季，它们会在巢穴附近收集大量的植物，拖回洞穴深处，储备下足够的口粮，好熬过漫长的积雪寒冬。

▲ 藏鼠兔（拍摄于四川老河沟自然保护区）。体型不大的藏鼠兔本不是相机陷阱调查的目标动物，但这台相机在野外设置好后，由于意外而镜头朝向了地面，却也因此拍摄到相机下方来回跑动的藏鼠兔的清晰照片

优雅的林间生灵——雉类

雉类是地面活动为主的大型鸟类，通常被人们不加区分地俗称为野鸡或山鸡。雉类的种类繁多，丰富多样，而我国的西南山地又是全球雉类分布的多样性中心，在雉类研究与保护中具有重要的地位。大多数雉类都长有鲜亮的羽毛，有些甚至是让人惊叹的华丽。悠然信步于林间，众多雉类优雅的身影被我们的红外触发相机记录了下来。

血雉 *Ithaginis cruentus*

- **英文名**　Blood Pheasant
- **常用俗名**　血鸡，松鸡子。
- **濒危保护级别**　中国 II 级；CITES：未收录；IUCN 红色名录：LC（无危）；红皮书：未收录。
- **形态概述**　体长 34～48 厘米，尾长 12～18 厘米，体重 0.4～0.9 千克。体型较小的高山雉类。雌雄均具蓬松的冠羽，眼周裸皮及脚为红色。雄鸟下体羽毛沾绿色，翼及尾沾红色；雌鸟羽色较暗淡且单一。
- **鉴别要点**　蓬松的冠羽、眼周的红色裸皮、红色的脚是血雉的重要鉴定特征。

　　血雉因其雄性个体全身浅绿色为主的羽毛中间杂着鲜艳的血红色以及亮红色的脚和喙而得名。血雉的雌性个体则没有雄性那种鲜艳的羽色，全身为比较均一的浅赭红色。血雉通常生活在海拔 2400 米以上的针阔混交林、针叶林和高山灌丛、草甸等生境类型中，是一种高山雉类。

　　在非繁殖季节，血雉常会聚集成数只乃至数十只的大群，集体行动，在林下觅食。由于血雉有着来自天空、地面的很多种天敌，比如普通鵟、金雕等猛禽和黄喉貂、豹猫等小型食肉兽类，血雉的这种集群行为对于群体中的每个个体都是有益的。更多的个体聚集在一起，就意味着有更多双眼睛在警惕地注视着四面八方的威胁；一旦有一双眼睛发现异常情况，就可以及时报警，让大家有所警觉并及时逃避。我们的红外触发相机就经常在秋冬季拍摄到这样成群结队的血雉。它们所经过的地方，会留下大量的地面被翻动过的觅食痕迹，成为我们在野外搜寻它们的重要线索之一。

▲ 血雉。上图为雄体，下图为雌体（均拍摄于四川王朗国家级自然保护区）

绿尾虹雉 *Lophophorus lhuysii*

- **英文名** Chinese Monal Pheasant
- **常用俗名** 贝母鸡，鹰鸡，火炭鸡。
- **濒危保护级别** 中国 I 级；CITES：附录 I；IUCN 红色名录：VU（易危）；红皮书：濒危。
- **形态概述** 体长 70 ~ 80 厘米，尾长 25 ~ 32 厘米，体重 1.5 ~ 4.0 千克。大型高山雉类。雄鸟羽色丰富，具金属光泽，行走及飞行时可见背部白色。雌鸟羽色暗淡，具白色细纵纹，眼周具浅蓝色裸皮。
- **鉴别要点** 特定的生境、壮实的体型和独特的羽色使得绿尾虹雉与虹雉属之外的其他雉类不会混淆。

▲ 绿尾虹雉（雌，拍摄于四川卧龙国家级自然保护区）

绿尾虹雉生活在海拔 3000 米以上的高山灌丛、杜鹃林和高山草甸，是仅分布在我国西南地区的特有鸟类。由于数量稀少，而且其栖息地远离人类活动区，人们通常难得一见，因此这种漂亮、优雅的高山雉类往往带有一丝神秘的气质。它们喜爱在高山草甸上刨食当地特有的一种植物的地下鳞茎，这种植物俗称"贝母"，因此，绿尾虹雉被当地人称为"贝母鸡"。而它们所吃的这种植物可以入药，就是具有止咳化痰神效的著名中药材"川贝"。

绿尾虹雉是我国体型最大的雉类之一，成年个体的体长可达 80 厘米，体重可达 3~4 千克。绿尾虹雉成年雄鸟的羽毛色彩多样，而且带有金属光泽，在阳光照射下绚丽多彩，是众多野生动物摄影师追逐的焦点。同时，在独特的高山生态系统中，它们也是赤狐、雪豹等多种食肉动物和金雕、大鵟等多种猛禽的捕食对象。

红腹角雉 *Tragopan temminckii*

- **英文名** Temminck's Tragopan
- **常用俗名** 秀鸡，娃娃鸡。
- **濒危保护级别** 中国Ⅱ级；CITES：未收录；IUCN 红色名录：LC（无危）；红皮书：近危。
- **形态概述** 体长 44~68 厘米，尾长 10~18 厘米，体重 0.8~2.0 千克。雄鸟羽色绯红，具大量白色椭圆点斑。脸部具蓝色裸皮，以及可膨胀的喉部肉垂与耳后的肉质角。雌鸟体型较小，羽色较暗，具浅棕色和白色圆斑。
- **鉴别要点** 雄鸟脸部的蓝色裸皮和全身密布的椭圆形点斑是识别红腹角雉的主要特征。

红腹角雉是一种分布范围很广的常见雉类。和角雉属的其他种类（例如，黄腹角雉、红胸角雉）一样，其雄性个体头部具有一对角状的肉质突起，这也是其"角雉"之名的由来。雄性红腹角雉的这对肉质"角"和它们颈部下方的肉垂平时都是隐藏在羽毛之下的，只有在求偶的时候，才会快速充血，在雌鸟面前华丽丽地一展风采。而凡是见过其求偶场景或照片的人们，都会对那红蓝相间、色彩斑斓的肉垂过目不忘。

在西南地区，红腹角雉分布的海拔范围比较广，分布的生境类型也很多样，从 1000 米以下的常绿阔叶林和灌丛地带，一直到海拔 3000 米的针叶林区，都能发现它们的影踪。它们活动时常在林下地表层翻刨，搜寻土壤中的虫子、掉落地面的植物种子和果实以及植物的块根、块茎来果腹。因此，在它们活动过的区域，很容易发现这种地面被翻刨过的取食痕迹。如果再加上一两片脱落的羽毛（红腹角雉羽毛的色彩和图案都很独特，很容易识别），基本就可以确定这些痕迹是红腹角雉所留下的。

▶ 红腹角雉。上图为雄体（拍摄于四川王朗国家级自然保护区），下图为雌体（拍摄于四川老河沟自然保护区）

红腹锦鸡 *Chrysolophus pictus*

- **英文名** Golden Pheasant
- **常用俗名** 锦鸡，金鸡。
- **濒危保护级别** 中国II级；CITES：未收录；IUCN 红色名录：LC（无危）；红皮书：未收录。
- **形态概述** 体长 70～110 厘米，尾长 30～78 厘米，体重 0.5～0.8 千克。具有特长尾羽的修长雉类。雄鸟头顶及背部具金色丝状羽毛，枕部为带有黑色边缘的金色扇状羽，呈披肩状；下体深红色。雌鸟全身羽色棕黄，具鳞状黑色横斑。
- **鉴别要点** 独特的羽色特征使得红腹锦鸡非常易于辨识。

　　红腹锦鸡俗称"金鸡"，是仅分布在我国的特有鸟类。成年的雄性红腹锦鸡具有华丽鲜艳的羽毛和飘逸的长尾，深受人们喜爱。在我国现存的古代工笔花鸟画中，我们能经常见到红腹锦鸡的形象，它们也是皇家苑囿和达官显贵所推崇的珍禽之一。在崇尚礼制、等级森严的明清官僚系统中，红腹锦鸡的形象被绣在官服的补服之上，是二品文官的特有标志。2001 年，在北京召开的第 21 届世界大学生运动会开幕式上，各国代表团入场仪式的引导牌都以各国国鸟为主体图案。虽然中国还没有正式确定国鸟，但经过中国鸟类学会的专家讨论，最终把红腹锦鸡作为中国的象征，印在了中国代表队的引导牌上。可以说，红腹锦鸡在中国悠久的历史文化中占有特殊的地位。

　　长时间以来，红腹锦鸡一直是人们着意饲养、驯化和培育的野生动物物种之一，在近代还被引种至欧洲、北美洲等地，用于观赏和狩猎。在其自然分布区内，野生的红腹锦鸡种群数量比较多，在非繁殖期可以聚集成数只或十多只的大群集体活动。和家鸡一样，野生的红腹锦鸡也有着沙浴的习性。它们会在午后寻找有阳光照耀、地面堆积着松散沙土的林间空地，伏在地上扑着翅膀把沙土鼓进全身的羽毛之中，借助沙土的摩擦，清理羽毛之下的污垢和寄生虫。而这个罕见的场景，正好被我们的红外触发相机记录了下来。

▶ 红腹锦鸡。上图为雄体
　（拍摄于四川王朗国家
　级自然保护区），正在
　午后的林间空地沙浴；
　下图为雌体（拍摄于四
　川老河沟自然保护区）

蓝马鸡 *Crossoptilon auritum*

- **英文名** Blue Eared Pheasant
- **常用俗名** 马鸡。
- **濒危保护级别** 中国Ⅱ级；CITES：未收录；IUCN 红色名录：LC（无危）；红皮书：易危。
- **形态概述** 体长 72～110 厘米，尾长 38～58 厘米，体重 1.4～2.5 千克。大型雉类，雌雄羽色无明显差异。眼周具鲜艳的红色裸皮，耳后有高耸的白色羽簇。通体灰蓝色，长长的尾羽弯曲，高耸，中央尾羽呈丝状。脚为鲜艳红色。
- **鉴别要点** 灰蓝的羽色、红色的眼周裸皮和白色的耳羽簇是蓝马鸡的主要识别特征。

▲ 蓝马鸡（拍摄于四川王朗国家级自然保护区）

马鸡是东亚特有的雉类类群，共有 4 个种，分布在从我国华北到青藏高原-喜马拉雅的山地与高原。由于它们的尾羽都高高耸起，羽轴上的丝状羽枝下垂飘逸如马尾，因此而得名"马"鸡。而其英文名称 Eared Pheasant 的由来，则是因为马鸡两侧的耳部都有非常明显的两簇"耳羽"。

在 4 种马鸡中，蓝马鸡的羽色最为鲜艳，通体为蓝灰色，再加上眼睛周围鲜艳的红色裸皮、长长的白色耳簇和高耸的飘逸尾羽，带给它们一种冷峻、高雅的独特气质，让人过目难忘。蓝马鸡分布在高海拔的针阔混交林、针叶林和高山灌丛中，通常集群活动，在冬春季甚至可以形成数十只的大群，成为我们红外触发相机记录中的常客。

缤纷飞羽——其他鸟类

在前面中我们曾经提到过，在鸟类这一大类群中，只有鸡形目（我们通常所说的雉类就是鸡形目中的一个主要类群）的鸟类是适合用红外触发相机来进行记录和调查的。而其他的鸟类，或者因不以地面活动为主，或者因体型太小不能有效地触发红外相机，因而通常不被作为红外触发相机的目标动物。但在实际应用中，我们设置在森林中的红外触发相机却拍摄下很多其他鸟类的影像。由于鸟类通常具有比较鲜明、易识的外部特征（体型、羽色、斑纹等），因此对于大部分的鸟类照片我们都可以鉴定到具体的种。总的算下来，我们的红外触发相机记录到的非鸡形目的其他鸟类已经超过了 70 种！

这些鸟类，大都是当它们来到地面或地面附件的灌丛时被红外触发相机抓拍到的。从拍摄到的影像上来分析，可以看出有的是在觅食，有的是在巡视领地，有的是在阳光下晒暖，有的是到地面"沙浴"，有的则仅是匆匆路过留下惊鸿一瞥。

1.橙头地鸫（拍摄于广西崇左白头叶猴国家级自然保护区）

2.长尾地鸫（拍摄于四川王朗国家级自然保护区）

3.红嘴蓝鹊（左雌右雄，拍摄于四川老河沟自然保护区）

4.红嘴鸦雀（拍摄于四川王朗国家级自然保护区）

5. 灰头鸫（拍摄于四川王朗国家级自然保护区）

6. 鹰雕（拍摄于四川老河沟自然保护区）

7. 白眉林鸲（雄鸟，拍摄于四川老河沟自然保护区）

第四章

"游学"于野外

精彩纷呈的野外故事，听我慢慢道来

在深山老林做野生动物的调查，是异常艰苦和困难的。但这中间，也有着不时的欣喜和兴奋，这成为支持我们稳步前行的精神动力之一。与自然打交道，与野生动物打交道，这个过程，也是我们逐步了解自然、了解野生动物的过程。这种学习，是校园之中、课堂之上所无法提供的。生态学、生物学的种种原理，放到野外的实践之中，就可以表现为一个个有趣的故事；甚至，追根溯源，这些原理的发现和产生，可能也是源于先贤大师们在他们的野外生活中遇到的一个个类似的故事，以及对这些故事思索后所迸现出的思想火花。可以说，生态学及其前身博物学的魅力所在，就是这些基于野外生活、野外调查的故事和经历，有苦，有乐，有欢笑，也有忧虑。在这一篇中，我们就来讲讲红外触发相机的野外调查中的故事，以及这些故事所涉及的形形色色的动物和形形色色的环境。

动物的故事

大熊猫的牙齿

红外触发相机长时间放置在野外，难免会有损失。损失的原因多种多样，包括设备自身故障、受潮进水、人为破坏/偷盗、滑坡等地质灾害导致相机灭失等。在这里，我们要关注的则是在我们的野外调查中，由于野生动物攻击相机设备而造成的相机损失。而这个动物，就是平时看起来笨拙悠闲、憨厚可爱的国宝大熊猫。

对，你没有听错！就是大熊猫！

2006 年，在四川卧龙自然保护区的七层楼沟，按照预先设计的调查方案，5 月时我们就在三处分别设置了三台红外触发相机。七层楼沟是卧龙保护区内大熊猫活动比较密集的区域之一，我们在那片区域设置相机时也发现了很多其他野生动物活动留下的新鲜痕迹，因此，大家对这三台相机的拍照结果非常期待。

一个月后，算起来相机已经达到了预期的工作时间，我就叫上当初一起上山设置相机的保护区野外工作人员，拿着 GPS 开始寻找当时放置相机的位点。前两台相机都顺利收回，可当我们来到捆绑着第三台相机的那棵碗口粗的桦树时，却大吃一惊：我们的相机哪去了？打量一下四周：固定相机的绳索还斜斜地搭在树干上，而树干底部的四周，则散落着一些相机外壳的碎片和电池。"被进山偷猎或者挖药的人发现后砸毁了！"我的第一反应。哎，没办法，四周再找找吧，看有没有什么其他零件还在。不多时，我们就把滚下山坡的相机外壳和里面拍照的小相机等都搜了回来。虽然小相机还在，但看着那涂满了泥巴的机身，也不知道机身是否已经破损，里面的胶卷是否已经被曝光或受潮损坏。心情低落到了极点。不过……且慢！看着那破烂的相机外壳，我突然发现破口边上有很多压磨、剐蹭的痕迹，再仔细一瞧，这不是牙印嘛！原来相机是被动物咬烂的，而不是人干的！一下子，大家都兴奋起来，开始猜测到底是什么动物如此粗暴，以及为什么会来咬这个相机盒子。由于现场没有留下更多的痕迹，或者是曾经有过的痕迹已经被前两天的雨水冲刷干净，我们没有发现更多的证据。所有人的希望，都集中在那个幸存下来的小相机上。仔细擦去机身上的泥巴和草叶，我们欣喜地发现虽然连接线都已断掉，但机身还是完整的，里面的胶卷还在！下山后，我们小心翼翼地把小相机机身送到了专业胶片冲印店，期待里面的胶片能够留下肇事者的身影，哪怕只有一角也好，期待这些照片能够帮我们鉴定出"真凶"，还原当时的故事。

两天后，冲印店把结果交到了我们手上。虽然胶卷在野外有些受潮，但还是冲洗出了不错的照片。按照拍摄的时间顺序，我们发现，最后一张照片上，是一只大熊猫正在镜头正前方低头嗅闻着我们涂抹在树干上的气味引诱剂！再与相机外壳上留下的牙印相印证，原来这个罪魁祸首就是那看似憨厚可爱的大熊猫！这台相机，也成了我们红外相机调查中第一台因大熊猫攻击而"牺牲"的相机。为什么说是"第一台"呢？因为在之后的数年间，我们在其他多个自然保护区又多次碰到类似的事情，先后有十几台相机被大熊猫攻击过，也留下了众多"犯罪现场"的照片，甚至有的照片拍摄的画面就是大熊猫的口腔内部和牙齿！大熊猫成

▲ 在四川卧龙国家级自然保护区，被大熊猫咬坏的相机中冲洗出的最后一张照片

▲ 被大熊猫"攻击"的相机陷阱绝非仅有卧龙保护区的那一台。这一台设置在岷山地区老河沟自然保护区的红外相机也成为大熊猫牙齿下的牺牲品。我们推测，这些相机陷阱拍摄时突如其来的耀眼闪光灯可能是"激怒"大熊猫的主要原因

为我们的红外触发相机因为野生动物攻击而损失的主要"祸首"！

那么，是什么原因造成大熊猫攻击这些相机呢？通过对被损坏的相机以及当时拍摄到的照片进行分析，我们发现，攻击事件大都发生在晚上，通常都在大熊猫被相机拍摄到一两张照片之后。而被攻击的相机型号，都是在光线不足时需要开启闪光灯补光的型号。因此，我们推测，正是相机拍摄时突如其来的闪光灯明亮的闪光，激怒了镜头前的大熊猫，或引起了大熊猫的好奇，让它们用牙齿和利爪对这个闪光的来源进行回击或一探究竟。其实，不仅仅是大熊猫，根据国外研究的报道，亚洲象、水牛等动物也会由于红外触发相机的闪光而攻击相机。这些"事故"，也让我们对野生大熊猫的习性和行为有了更深入的了解。在后期针对大熊猫的研究中，避免使用带有传统闪光灯的相机型号，选用具有适于夜间拍照的红外补光功能的相机型号，会是一个明智的选择。

高山上的隐形杀手

相信对大家来说四川省卧龙国家级自然保护区的名字都不陌生。卧龙保护区地处大熊猫邛崃山分布区的核心地带,面积广阔。作为我们国家建立的第一批保护大熊猫的自然保护区之一,卧龙保护区长期以来开展了卓有成效的大熊猫科研、保护与人工繁育工作,成为中国大熊猫保护的标志性保护区,并以此蜚声海内外。人们往往一谈起卧龙,就会自然而然地联想到大熊猫。

卧龙是以大熊猫为主要保护对象而成立的自然保护区,一直以来,其保护行动和管理措施,也是把大熊猫的保护放在优先。但是,区内广阔的面积(2000平方千米)、巨大的海拔跨度(1150~6250米)、丰富的景观和植被类型,也为很多其他种类的野生动物提供了家园。为了摸清这些野生动物的分布现状,我们从2006年起与卧龙自然保护区开展了长期的合作,使用红外触发相机调查技术来对区内分布的大中型兽类进行调查。

卧龙保护区内部居住有包括藏、羌、汉等多个民族的数千名村民,他们的房屋、农田、牧场与周边森林中的野生动物栖息地犬牙交错,紧密相接。因此,调查中的一项重要内容,就是了解当地村民与野生动物之间是否存在人兽冲突,以及造成这些冲突的野生动物有哪些,冲突所造成的损失有多大。在访谈当地村民

▼ 卧龙自然保护区内海拔3500米以上的面积广大的高山草甸、流石滩和裸岩为雪豹、岩羊等野生动物提供了理想的栖息地

时，我们了解到，他们散放在高山上的牲畜（包括牦牛和山羊）曾数次被未知的大型食肉动物攻击，造成牲畜死亡或受伤。但这个高山上的隐形杀手到底是何种动物？当地人也不清楚，各种说法莫衷一是，因为从来没人在野外见到过其真面目。

因此，我们和保护区的工作人员一起，就在当地人报告有牲畜损失的区域内，有针对性地在高海拔的高山草甸和流石滩地区设置了一批红外触发相机，以探究到底有哪些野生动物在这片区域内活动。结果，在 2009 年初，我们得到了振奋人心的好消息：冬天设置在海拔 4200 米的一处山梁上的红外触发相机拍摄到了雪豹的精彩照片！沿着山脊调查时在遇到的雪豹粪便中，工作人员也发现有少量家畜的毛发。可以推断，这个偶尔会攻击散放家畜的隐形杀手，就是高山上食肉动物的王者——雪豹！

▲ 相机陷阱在四川卧龙自然保护区拍摄到的首张雪豹照片

▲ 与雪豹共同生活在同样环境中的赤狐（左）与石貂（右）。由相机陷阱在同一位置拍到，它们也将受益于针对雪豹这一明星物种的保护

　　这是邛崃山地区首次有确切证据的雪豹记录，也是首次在大熊猫保护区中确切的雪豹记录。卧龙以往因大熊猫而闻名于世，人们可能很难想到，大熊猫和雪豹，一个是竹林隐士，一个是雪山隐士，距离竟然可以是如此之近！

　　有意思的是，在卧龙自然保护区，虽然长期以来大部分保护行动的初衷都是为了大熊猫，很少有人关注过这里高山生态系统和其中的顶级食肉动物雪豹，但这些保护行动客观上也使得区内的其他动物获益匪浅，它们的种群及栖息地也得到了有效的保护。在随后进行的扩展调查中，我们发现首次记录到的那只雪豹并不是孤单的，这里生活着一个规模虽小但稳定活跃的雪豹种群，以及可以为这些雪豹提供充足食物来源的大量岩羊、旱獭、高山雉类等动物。这个雪豹种群的存在，足以证明这里的高山生态系统是健康而充满活力的。在生物多样性保护中，大熊猫被人们称为"伞护种"，就是因为它可以带动起这种由点到面的正向效应：大熊猫就像是在其所处的生态系统和分布区域内撑起的一把大伞，人们专注于大熊猫保护的努力也同时保护了伞下所覆盖的多种多样的其他生物。

可以相信，今后的卧龙，除了大熊猫之外，雪豹将会是一个全新的明星物种和关注焦点。而雪豹，这个曾经的高山隐形杀手，也将作为其间高山生态系统的代表，为生活在这个独特的生态系统中的其他物种，撑起一把安全而可靠的保护伞。

闪亮的猫眼

猫科动物被誉为食肉动物中至高无上的王者，是天生的捕猎高手。但较低的种群密度、隐秘的活动习性，使得人们往往难睹其真容。因此，不需要人在现场、可以全天24小时连续工作的红外触发相机，就成为了记录、研究猫科动物的最有效工具。

在我们的调查和研究中，猫科动物在整个大中型兽类群落中数量是相对比较稀少的。因此，收获到的每一张猫的照片，不管是大猫（例如豹、雪豹）还是小猫（例如豹猫），都会带给我们或大或小的激动与喜悦。

浏览红外触发相机所拍摄的这些猫科动物的照片时，你就会发现：很多照片中的猫，都是正好扭头面对相机，两只眼睛都迸发出闪亮的光芒！其色彩，有绿，有黄，有红，有白。这是为什么呢？

眼睛有反光这个事情比较好理解，这和我们日常使用照相机拍照时出现的"红眼"现象是同样的道理。由于我们所记录到的这些猫科动物很多都是在晨昏时分或晚上更为活跃，红外触发相机在拍摄它们时，通常都开启了闪光灯补光。它们眼中的光亮，就是眼睛底部的视网膜反射回来的相机闪光灯的光线。由于不同动物视网膜底部反射层颜色的不同，以及拍照时角度的差异，导致最终拍出的照片上，这种反光也就有了不同的色彩。

可是，为什么这些照片中大部分的猫科动物都能不约而同地保持一致的姿势来面对相机镜头呢？难道它们都是镜头控，故意要在相机前面摆出酷酷的姿势吗？

发现这个现象之后，我仔细研究了我们的红外触发相机所拍摄到的所有猫科动物照片。当然，故意摆姿势的说法只是我们戏谑的猜想。通过对这些照片的判读，我们可以推断：就在红外触发相机拍摄的同时，这些猫科动物们显然也发现了红外触发相机的存在，因而会扭头或抬头来张望。可是，照片拍摄只有数百分之一秒的时间，闪光灯的闪亮时间则更为短暂。这些猫是如何发现了红外触发相机的存在，又怎么能在如此转瞬即逝的时间内转而扭头盯着镜头呢？这个疑问，困扰了我很长的时间，一直等到后来有机会遇上了一位长期从事猫科动物研究的专家，以之求教，才终得解惑。

　　原来，在相机拍照之前，这些猫科动物可能并没有发现红外相机的存在。但

▲ 猫科动物的眼睛往往在相机陷阱的白光闪光灯下会反射出黄、绿色的光芒。左上：雪豹（拍摄于四川卧龙国家级自然保护区），右上：亚洲金猫（花斑色型，拍摄于四川唐家河国家级自然保护区），左下：豹猫（拍摄于四川王朗国家级自然保护区），右下：豹猫（拍摄于四川申果庄自然保护区）

是，为了适应在光线不足的环境中捕猎，这些猫科动物大都进化出了极为发达的听觉能力。它们的耳朵可以捕捉到周围环境中细微的异常声响，并迅速、准确地判断出发出声响的位置。我们在调查中使用的都是被动式红外触发相机，在红外传感器探测到这些猫科动物的活动后，会有一个短暂的内部相机启动的过程。正是相机启动和镜头伸出过程中的细微声响，吸引了这些猫科动物们的注意，让它们扭头寻找声响的来源。就在这时，相机也正好启动闪光灯完成了拍照。一张张两眼闪耀着光芒的猫猫照片就此诞生！

这里还应该提到一点，就是与大熊猫被突如其来的闪光灯照射之后会怒而攻击相机的习性不同，猫科动物对于这些闪光灯的闪光似乎没有什么激烈的和负面的反应。我们从未遇到猫科动物攻击红外触发相机的事情。而且从拍摄到的照片上来看，它们对于这种闪光也满不在乎，可以在相机持续闪光拍照的情况下，在红外触发相机前方长时间停留，该干吗还干吗，继续做它们的气味标记或玩耍打滚。看来，对于这些猫猫，我们那些红外触发相机闪光灯的闪光会对它们的行为造成负面影响的担心是多余的。

黑熊的躲避

在我们幼时听到的儿童故事中，黑熊总是一个受气包或愚笨可笑的角色，而且黑熊的外表也确实常常给人一种呆笨、迟钝的感觉。因此，在我们的口语中，"熊样"是一个不折不扣的贬义词。但是，正如"人不可貌相"一样，真正了解了现实世界中的黑熊之后，你会发现，"熊也不可貌相"乃是同样的真理。

黑熊是食物种类很多的杂食性动物，因此对多种多样的生境类型都有着良好的适应性，分布范围非常广。这10年来，我们在西南地区的红外触发相机调查中，拍摄到黑熊的地方并不少，基本上各个调查过的自然保护区都曾有过记录。但在每个自然保护区拍摄到的次数并不多。在后期整理、分析这些数据时，我发现了一个有意思的现象，就是在每个拍摄到成年黑熊的红外触发相机位点上，一旦黑熊出现过一次之后，就极少能够再次记录到它们的身影。而且，每次的拍摄，都只会留下极少数量的照片，绝大部分时候仅一张。只有少数几次拍摄到幼年熊崽儿的时候，它们会有些好奇地盯着相机端详，留下比较多的照片。看起来，黑熊是分布很广的动物，但是成年的黑熊似乎都在刻意躲避着我们的红外触发相机，躲避着所有有着人类印迹的物什。这是怎么一回事呢？

对红外触发相机数据的进一步分析为我们回答这个问题提供了一些启示。我们运用专门的生态学统计模型，估算了各个野生动物物种对栖息地的占有率和红外触发相机对其的探测概率。栖息地占有率越高，则表明这种动物的分布范围越广。而探测概率越高，则表明在有此物种分布的情况下，红外触发相机记录到此物种的概率越高。模型分析的结果显示，对于黑熊这个物种来说，其栖息地占有率很高，而红外触发相机对它们的探测概率极低。这与我们的直观感觉和猜测是一致的。那么，是什么因素导致红外触发相机难以探测到黑熊的存在呢？

这里，我们就需要求助于当地人的知识，也就是被学者们称为"土著知识"的那些当地人的经验与说法。在我们进行野生动物的野外调查时，访谈当地的居民是我们了解当地野生动物分布状况和生态习性的重要手段。通过科学的调查研究和数据分析，我们可以发现或揭示野生动物活动的种种规律和现象；而如何解释这些现象，探究其成因，很多时候却是我们这些"外来"的科

▲ 相机陷阱镜头前的成年黑熊（上，拍摄于陕西长青国家级自然保护区）总是显得小心翼翼，极少留给相机拍摄第二张照片的机会；只有涉世未深的年幼小熊（下，拍摄于四川老河沟自然保护区）偶尔留下它们似乎无忧无虑的顽皮身影

学家所不能解决的，需要借助于当地人的经验和知识。当地人世世代代生活在那里，对于当地自然环境和野生动物的了解远远超过外来人。在他们世代相传的经验、故事、乃至传说中，蕴藏了相当丰富的有关当地野生动物的知识，是我们探究种种自然现象的前因后果时重要的参考和依据。而黑熊是各方面（包括我们这些外来的调查者、当地的居民和野生动物主管部门等）关注度都很高的一个物种，自然也是我们访谈时的重点。

通过这些访谈，我们了解到，长久以来黑熊这个物种一直承受着非常高的捕猎压力。熊胆和熊油是名贵的传统中药材，熊皮是名贵的皮草材料，而熊掌又是名贵的传统食材，为著名的"山八珍"之一。因此，对于人类来说，黑熊可以说是一种浑身都是"宝"的野生动物。经济利益的驱动，使得人类一直都热衷于野生黑熊的猎捕。而近些年来中药材市场和非法野味市场上急剧增长的需求和快速上涨的价格，使得野生黑熊的境遇更加雪上加霜。直接枪杀、设陷阱扑杀以及用毒饵或土制炸弹诱杀，是偷猎者们猎捕黑熊的主要手段。事实上，黑熊是非常聪明、机警、感官发达（尤其是嗅觉）的动物。我们可以想象，目前能够在山林中幸存下来的黑熊，都是极富"反偷猎"经验、极其"聪明"的个体。对于活下去的强烈愿望和侥幸逃脱偷猎者魔掌或陷阱的惨痛经历，使得它们在山林中永远保持着时刻警惕、谨小慎微的状态。因此，对于山林中出现的任何夹杂着人为痕迹或气味的物什，包括我们设置的红外触发相机，它们总是在时时戒备、刻意躲避的。这就是我们设置的红外触发相机对黑熊这个物种的探测概率极低的最终原因。

野生黑熊的悲惨遭遇和现状，乃是我国历史上丰富的野生动物资源目前所面临的困境和窘迫的一个极端代表。红外触发相机前黑熊的躲避，时时在提醒着我们，野生动物和生物多样性的保护，依然任重而道远。

羚牛的家庭

这是我最为喜欢的红外相机照片之一。初春的林子里还略显空旷，黎明的晨曦透过稀疏的枝条，已经显现出了近处灌木上错落绽放的花朵。而近处，恰到好处的闪光灯为我们永久地定格下羚牛一家三口的安静祥和。没有专业的相机，没有专业的镜头，没有专业的参数设置，就凭着普通的自动胶片相机，红外触发相机为我们留下这张让专业野生动物摄影师也为之赞叹的佳作。

▲ 相机陷阱拍摄于四川唐家河国家级自然保护区的这张羚牛"家庭"的照片堪称经典

很明显，画面中是两头成年羚牛和一头幼崽。羚牛幼崽的出生集中在每年的 3 ~ 5 月，也是林中的青草刚刚开始发芽生长的季节。初生的羚牛体型浑圆，两角还没有长出来，长着明显的浅色眼圈和蓬蓬的绒毛，因此显得非常可爱。这些幼崽全身黑褐色，背部中央有一条贯穿前后的黑线，和成年羚牛的毛色完全不一样。从这张照片上来看，两头成年羚牛加上一头幼崽，正好组成了一个和睦的三口之家的形象。但是，它们真的是如我们所想的"父母 + 孩子"模式的"一家子"吗？

事实往往没有我们想当然的那么简单。对于大部分的非专业人士来说，仅从一张照片来判断成年羚牛的性别是很困难的。要解答上面的这个问题，我们还得从羚牛这个物种的习性和行为说起。在 2009 — 2011 年之间，我正好参与了一项有关羚牛社会结构和行为学的研究项目。长时间跟踪固定的羚牛群体并观察、记录群体内个体之间的种种行为，使得我对于这个物种的习性和行为模式有了更深入的了解，也对成年羚牛不同性别个体在体型、毛色、表观特征上的区别有了了解。回头再来看看这张照片，我可以有把握地判断，照片中的这两头成年羚牛都是雌性，而且，它们很有可能就是这头幼崽的母亲和阿姨，或者母亲和姐姐！

羚牛是一种群居的有蹄类动物。在一个小的羚牛群体里面，往往是数头有着亲缘关系的成年雌性羚牛组成这个群最稳定的核心。在繁殖期，成年雄性会通过相互之间的打斗来抢夺对群体的控制权和与这些雌性羚牛的交配权。但每一头雄性的统治都不是终身的，随时有被更强壮者取代的可能。因此，对于这个群体来说，成年雄性个体并不是群体内稳定的成员。而在群体内出生的幼崽长大后，雌性通常会继续跟随群体活动，雄性则在达到成年后离群，出去闯拼一番自己的新天地。

斑尾榛鸡：邂逅与重逢

斑尾榛鸡是一种生活在高海拔针叶林和杜鹃林中的松鸡类鸟类，是中国的特有种，国家一级保护动物。由于它们数量稀少且分布范围狭小，在野外能够亲眼见到斑尾榛鸡是比较困难的，因而它就成为很多观鸟爱好者们努力搜寻的明星鸟种之一。作为一名业余的观鸟爱好者，我在进行兽类野外调查的过程中，也把它列为我的搜索目标之一。

2005 年 7 月初，一次偶然的邂逅，让我完成了这一心愿。当时是在四川的王朗国家级自然保护区，我与一位国外来的朋友一起来到海拔 3100 米的高山针叶林中，开展动物痕迹的样线调查。走在林间的小道上，带头的保护区工作人员突然停了下来，回头朝我们打出不要出声的手势，并示意我们往右前方的林子里看。顺着他手指的方向，一只满身斑驳花色的雉类正在林下的杜鹃灌丛中警惕地盯着我们。"斑尾榛鸡！"我轻轻地叫了出来，然后打手势让旁边的外国朋友取出包里的 DV 拍摄。这是我第一次见到久闻其名的斑尾榛鸡，心中那个激动啊！只有四五米远的距离，我肉眼就可以清楚地辨认出这是一只成年雌体。而在望远镜的视野中，她的每根羽毛都是那么清晰。可奇怪的是，这只榛鸡一动不动地站在那里和我们对视了将近 1 分钟，而不像常见到的其他雉类那样转身就跑。她似乎是在仔细观察以判断我们下一步的动向。我心中一动，"难道附近还有她带的小鸡？"放下望远镜，再用肉眼仔细搜索她附近的灌丛，果不其然，两只毛茸茸的小家伙也正躲在草丛里向我们张望。看那体型和茸毛，估计是出壳刚 1 周左右的雏鸟。怪不得这位做母亲的要待在那而不是转身跑开。又过了大概半分钟，这

▲ 2 个月后，相机陷阱在邂逅地点附近拍到了雌性斑尾榛鸡带着 2 只半大的亚成体觅食的照片

位母亲判断出我们没有敌意，而且暂时不会往前走，这才低低地咕了一声，招呼两个孩子继续前行。原来它们是要穿过小路，刚才是被突如其来的我们打断了。看着一家母子三口逐渐隐匿在灌丛中的背影，我在心中不禁默默祝愿，希望他们能够在这险象环生的森林里平平安安。

两个月后，根据调查计划的安排，我们在距离这次遭遇地点大约 200 米的地方设置了一台红外触发相机，做大中型兽类和雉类的本底调查。照片冲洗出来之后，我惊喜地发现，其中一张照片上，一只成年的雌性斑尾榛鸡正歪着脑袋盯着相机的镜头，似乎在研究这个怪物是何方神圣；而在她的身后，两只半大的亚成体正自顾自地在草丛中翻找着食物。"哦，你们果然平安长大了！"看着照片上的这一家子，我笃信这就是两个月前邂逅的那母子一家。似乎是缘分，让我们又以这样的形式重逢。

勺鸡：落单的代价

在四川北部的岷山地区，野外布设红外触发相机的过程中，在林子里边，尤其是沟谷两侧相对较稀疏的树林里，经常能发现很多雉类被天敌捕食后留下的痕迹。捕猎者可能多种多样，包括小型食肉兽类（豹猫、黄喉貂等）和猛禽（普通鵟、金雕等）。而根据残留羽毛的形状、色彩和图案，我们可以判断出被捕食较多的物种包括勺鸡、血雉、红腹锦鸡和红腹角雉。而让我很感兴趣的一个现象是：我们遇到的被捕食的勺鸡要远多于其他雉类物种！这就很奇怪了，因为根据我们在野外的实体遇见率来判断，自然保护区内其他雉类（例如，高海拔区域的血雉、低海拔区域的红腹锦鸡）的数量要远多于勺鸡。而且这个结论，也被我们布设的红外触发相机获得的数据所证实。那么，又是什么原因造成这么多的勺鸡被捕食呢？

这个问题，我一直思考了很久也没有得到一个最终的答案。或许是因为勺鸡的羽毛具有更为醒目的特征，而使得被捕食后的痕迹在林子里更容易被人发现？或许是勺鸡更喜欢在相对开阔的林子里活动，因而使得它们更容易被猛禽等天敌攻击？还是说勺鸡就是比血雉、红腹锦鸡更傻更笨？

终于找到一个机会，在北京师范大学的周三课堂上，我见到了景仰已久的张正旺老师。张老师是我国乃至世界上研究雉类的权威，我就把这个萦绕心中已久的问题拿出来向他请教。张老师略加思索，告诉了我另外一个可能性：在非繁殖

▲ 相机陷阱镜头前的成年勺鸡雄体（拍摄于四川王朗国家级自然保护区）

期，血雉常常会聚群，形成数只乃至数十只的大群。这样，对于整个群体来说，就有更多的眼睛在警惕着威胁，面对天敌时群里的每一个个体被捕食的概率也大大降低；而勺鸡在非繁殖期则较少聚群，或聚群的规模不大，相应地，每个个体被捕食的概率就大大超过了血雉。

原来如此！结合当地的实际情况，这个解释更加合理也更加令人信服。虽然是否果真如此，还需要行为学、生态学方面更为深入的研究，但那么多的勺鸡惨遭不幸，很可能就是它们落单的代价！

公鸡的炫耀与母鸡的挑剔

雉类大都是非常漂亮的鸟类，很多种雉类的雄性和雌性个体在体型、羽色等方面具有明显的差异，往往都是雄性更为健壮漂亮，而雌性则显得暗淡低调。在生物学上，这种雌雄的差异被称作"性二型性"。红腹角雉和红腹锦鸡就是其中的典型代表。

▲ 在相机陷阱镜头前展示出艳丽肉垂的雄性红腹角雉（拍摄于四川王朗国家级自然保护区）

▲ 与雄性相反，雌性红腹角雉羽色暗淡，但却是非常好的伪装，能够自然地融入林下环境的斑驳背景之中（拍摄于四川王朗国家级自然保护区）

雄性的红腹角雉羽色华丽，而更为人所惊艳的则是其繁殖期求偶时颈部下方色彩斑斓的肉垂。雄鸟的这种肉垂平时是收起的，无法看到，仅在求偶时才会展开。而且由于红腹角雉平时生活在密林之中，性情也比较羞怯，因此它们这种只在求偶时展示给雌鸟看的红蓝相间的艳丽肉垂，极少有人见到过。很幸运的是，我们的红外相机就曾抓拍到一只正在求偶过程中的雄性红腹角雉，让我们能够一睹其风采。

红腹锦鸡的成年雄性个体也全身披满了极为漂亮的羽毛。在繁殖期，为了追求雌性，数只雄性红腹锦鸡会聚集到固定的林间空地，用尽浑身解数，对所有前来探查的雌性大献殷勤。它们会把颈部的华丽披肩和背部的鲜艳羽毛都展向雌鸟一侧，以独特的舞步围绕着雌鸟转圈，以期自己能够独获雌鸟的青睐，占得先机。雌鸟虽然羽色暗淡，但却拥有挑剔的眼光，在众多的追求者中精挑细选，选择繁殖交配的对象。

那么，不同种类的公鸡们为何都不约而同地演化出绚丽的羽毛和复杂的求偶行为呢？难道仅

▲ 求偶期的雄性红腹锦鸡会围绕雌性大献殷勤,展示其华丽的羽毛(拍摄于陕西长青国家级自然保护区)

仅是为了炫耀?要知道,长出一身靓丽的羽毛就意味着要消耗更多的能量和营养,而且会使得自身在森林里更为显眼,更容易引起捕食动物的注意,带来更高的被猎杀的风险。如此看来,"漂亮"是需要付出极大的代价,也附带着极高的风险的,很有可能会超出其繁殖机会增加所带来的收益,那么岂不是跟自然选择的原则背道而驰吗?

其实,如果换一个角度,站在雌鸟的角度来看,繁殖就是一项巨大的投资,产卵、孵卵和育雏需要消耗它们大量的能量和时间;而这项投资的成功与否,就在于能否找到最优的配偶,繁育出优势的后代,把父母双方的优势基因继承和传递下去。因此,在雌鸟看来,雄鸟的羽毛越靓丽,就意味着其拥有者具有更高的营养水平和健康状况,说明其能够有效获得或占据充足的资源(食物、空间等),进而成为这个个体优势基因的外在证明。而公鸡们之所以能长得如此华丽炫目,之所以在求偶中竭尽所能地展示与炫耀,就是在漫长的进化过程中,一代代雌鸟挑剔的眼光层层选择的结果。在生物学中,这种由雌性的"眼光"所主导的选择性进化被称作"性选择"，与我们所熟知的传统的"自然选择"一样，是塑造出现今世界丰富多彩的生物多样性的物种演化机制之一。

地点的故事

森林中的消息树

生活在森林中的野生动物们，没有我们人类发达的通讯技术和手段，那么它们个体之间是如何相互联络的呢？对于群居的动物，例如，灵长类的猴子，我们可以想象，猴群中个体之间的联络和交流通过叫声和肢体接触就可以解决。因此，这一类野生动物的联络手段我们可以形象地概括为："通讯基本靠吼，或基本靠手。"但是，那些从不拉帮结派、生活习性独来独往的独居动物呢？它们一旦成年离开母亲之后，就基本上是独自在森林中闯荡，开创属于自己的地盘。但是，它们在这过程中也需要了解自己是否无意中闯入了其他个体的地盘，需要了解自己的领地周边还有哪些竞争者在活动，需要了解到哪里能够找到合适的配偶，需要了解这些潜在的配偶是否已经进入发情期，等等。对于它们来说，通讯要靠什么呢？

这个问题，红外触发相机可以为我们提供重要的启示。其线索，则是一棵树，一棵看起来毫不起眼、普通得不能再普通的树。

这里的一组照片，就为我们展示了这棵树。我们可以看到，这是位于山梁上的一条宽阔兽径，我们冲着兽径的走向设置了一台红外触发相机。在这期间，来来往往经过的各种各样的动物都被红外触发相机记录了下来。而其中很多的动物个体，都在相机前方驻足，冲着山梁上的一棵小树，或仔细端详，或凑上鼻子努力嗅闻，甚至有只大熊猫干脆用身体抵着树干使劲地磨蹭。这是棵什么树？为什么有这么大的魔力？它又何以吸引到这么多的动物前来？而这些动物，又是试图从这棵树上了解到什么？

这棵树，就是森林中的消息树！对于那些非群居的野生动物来说，例如，照片中记录到的大熊猫、野猪、黄喉貂，这样的树，就是它们之间相互联络的工具。而联络的方式，则是通过在树干上留下气味的标记，以及对这些气味标记进行嗅闻与判读。

▲ 经过"消息树"的大熊猫、野猪等动物会仔细地在树上嗅闻，去阅读"前人"留下的信息，并把自己的气味"消息"也张贴其上（拍摄于陕西长青国家级自然保护区，从上至下按照照片拍摄的先后次序排列）

这些动物通常都具有发达的嗅觉，它们通过把自身腺体的分泌物或尿液涂抹在树干上的方法，来标示自己的领地、记录通行的路径、向附近的其他个体宣示自己的身体状态（例如是否已经进入发情期）。这些标记中，通常含有动物身体代谢的化学产物和激素，后来者通过嗅闻这些气味标记，可以了解先到者所想要传达的信息，并在已有标记的基础上，添加上自己新的气味，以作为回应。除了这些同一物种的不同个体之间的交流之外，野生动物也会在这些消息树上读取其他物种的信息。比如，森林里的食草动物就会通过判读消息树上食肉动物留下的气味标记，来了解、掌握自己天敌的动向，以尽量避开这些天敌的活动路线或活动时段。这样的消息树，被科学家们称为野生动物的嗅味树，实际上就像是森林中的一个布告栏，实时更新着张三、李四、王二麻子们的行踪和动态，成为野生动物们之间相互联络和社交互动的重要场所。

但是，我们在野外要找到这些消息树却并不容易。我们人类作为一种群居的灵长类动物，获取外界信息的主要方式是通过眼睛的观察、耳朵的收听以及四肢的触碰。因此，我们的视觉、听觉和触觉就比较发达，而嗅觉的功能则相对来说弱很多。相对于很多非群居的野生动物来说，我们人类的鼻子对于气味的敏感程度和对细微的气味差异的分辨能力，更是相差了十万八千里。因此，我们在野外即使见到了这样的消息树，往往也不会觉察到树干上存有各种各样的气味标记，自然会忽视了它的存在。对这些消息树的搜索和识别，需要工作人员和研究人员长期的野外经验积累，总结野生动物所选择的消息树通常所处的地形位置、树木的种类、标记的部位等种种特点，并在野外仔细检查树干上的刮磨痕迹，甚至用鼻子去闻这些可能的标记点以熟悉其气味。掌握了这些经验，你就会对神秘的野生动物的世界更加深一层认识，更增添一份兴趣。

兽径上的纠结

在野外选择设置相机的具体位点时，我们通常会选择将其放在兽径上。什么是兽径呢？套用鲁迅先生的一句话：林间本没有路，野兽走得多了，就成了兽径。因此，顾名思义，兽径就是野生动物经常利用、行走通过的路径。其实，野生动物有时也和人一样，钻林下浓密的灌丛或竹林对它们来说也是很困难的，它们也会像人找方便走的道路一样，选择便于通行的兽径来走。有些种类的动物，每个个体还有相对固定的活动路线，定期巡视自己的领地或检查沿途的标记。在我们看来密不透风、无路可寻的大森林，对于这些动物来说，则有着四通八达的道路网。在它们的记忆中，就有着一幅活动范围内兽径分布的详细地图，以引导它们在密林中往返穿梭而不致迷途。

在野外工作中，人类对兽径的判断需要经验的积累。经验丰富的猎人和保护区工作人员，可以准确地识别出兽径的位置和走向，并通过兽径的大小、沿途痕迹的种类推断出有哪些种类的动物在使用这些兽径，以及它们是否在最近的时间内刚刚来过。沿着这些被动物频繁使用的兽径来设置红外触发相机，能够比较快而全面地记录到在这个区域内活动的动物群落。

但是，在野外，时常让我们纠结的一点是：很多兽径也是非法进入保护区的人员的通道！前面已经提到过，野生动物和人有共通的地方，其中之一，就是会在密林中选择便于通行的路径。一些比较宽的兽径，特别是沿着山梁或沟谷底部的兽径，往往是人和野生动物同时在利用的通道。甚至从这些通道的起源上来看，已经是鸡与蛋的先后之争，分不出是因为人走出的小路被动物利用了，还是动物走出的兽径被人所用上。在这样的兽径上设置红外触发相机，固然可以拍摄到很多野生动物，但也大大增加了相机本身被非法入区人员发现的风险。

那么，这些非法入区人员为什么要冒着被抓的风险进入保护区呢？从根本上来说，还是由于经济利益的驱动。这些区域内通常有着丰富的自然资源，而自然保护区的成立，则是为了限制人类对这些自然资源的无节制地攫取和消耗。为了非法地获取这些资源以转化为个人的经济利益，有些人就铤而走险，偷偷进入保护区，或偷猎野生动物，或采挖中药材，或采集林产品，或盗挖矿产。正因为从事的是非法活动，他们就会刻意回避保护区内的管理人员和设置在保护区内的管理设施。他们一旦发现了我们设置在野外的红外相机，虽然可能不是很清楚其具体作用和功能，但还是能判断出这是个拍照的设备，甚至已经拍摄下他们的照片，因此他们通常都会对相机进行破坏，甚至把整个装置都取下带走。在我们的调查中，相机设备野外损失的诸多原因中，人为破坏是其中仅次于设备自身故障而排第二位的因素。

因此，要不要在这样的兽径上布设红外相机，就成为我们在野外调察中时常纠结的事情。有多少次，我们都不得不面对一条绝佳的兽径而忍痛割爱，转而把相机布设到稍远处比较不起眼的小兽径上去。加强保护区的巡查和管理力度，并在保护区周边的社区内开展深入的环境教育以及帮扶社区经济发展的合作项目，则可以有效地减轻周边社区非法利用保护区自然资源的压力，也可以让我们在将来的野生动物调查中，少一些这样的纠结与无奈。

山坡上的小水坑儿

水对于陆生动物的重要性不言而喻。拿我们人类来说，七八天不吃饭或许还可以勉强挺得过去，但是三四天不喝水的话，可能就会要了人的性命。因此，对于野生动物来说，寻找水源，就是每天活动的重要内容。在降雨丰沛的山区，遍布的沟谷溪流可以为野生动物提供方便的饮水。但在山坡之上，尤其是接近山梁的地方，有时要找到一处水源却不是那么容易的。一旦有这样的水源地，自然而然会吸引来附近活动的众多动物。可以想象，如果在这样的地方埋伏下红外触发相机，必然会有丰富的收获。

这里的一组照片，为大家呈现的就是这样一个山坡上的小水坑儿。地点，陕西南部秦岭南坡的长青国家级自然保护区；时间，2008 年的早春 3 月。

2008 年之初，我们开始了与长青自然保护区的科研合作，其中的内容之一，就是应用红外触发相机调查技术，开展区内的大中型兽类多样性的本底调查。在此之前，保护区的野生动物监测都是采用传统的样线调查法，定期沿着固定的野外线路调查，记录沿途见到的动物实体和新鲜痕迹。由于动物实体的遇见率通常比较低，而粪便、食迹等痕迹的鉴定比较困难，往往难以确定到具体的物种，因此，保护区的工作人员对这种不需要人在场、却能够"看到"野生动物的全新调查方法非常感兴趣。他们常年工作在野外，对于保护区内的山山水水、沟沟岔岔可以说是了如指掌，恨不得闭着眼睛都能够画出一幅区内的详尽地图。因此，在最初的几天技术培训中，他们已经开始认真地讨论起来：野外有哪些好的地点可以用来安放这些红外触发相机，各条山梁和沟谷中最佳的埋伏地点在哪里，以及如果要拍摄某种特定的动物，到哪里一定能够拍得到，等等。听着他们这些热烈的讨论，你就可以感受到他们对于这片地区，以及生活在这里的各种野生动物的了解与熟稔程度是无与伦比的。从这些方面来说，他们跟所有外来的专业动物学者比起来都毫不逊色，甚至还要更为优秀。虽然野外调查还没有开始，我对这里的调查结果已经是信心满满，充满了期待。

培训过后，我们与保护区工作人员一起制定了总体调查方案和野外实施细则。终于到了真正要上山跑野外的时候了！大家分成几个小组，按照不同的片

▲ 这个山梁上的小水坑儿吸引了多种多样的野生动物前来饮水，而相机陷阱则为我们记录下了所有的过程（从上到下，从左到右：工作人员设置相机陷阱，大熊猫，羚牛，野猪，豹猫，鹰雕，红腹锦鸡，红腹角雉）

区，分别到野外去设置红外触发相机。我所在的一组，要去的地方据说是保护区内大熊猫活动最为频繁的区域之一。对于彼时还从未在野外亲眼见过大熊猫的我来说，可以想象当时是多么的兴奋！

在保护区野外工作人员的带领下，我们根据 GPS 的指引，沿着一条山梁来到了预先设定的调查区域附近。根据整个保护区的总体调查方案，我们每个组需要按照方案的取样设计，先到达指定的调查区域；而在这个区域范围之内，具体每一台红外相机布设到哪里，则需要野外工作人员根据实地情况来斟酌、判断。相机设在哪里好呢？正当我们四下打探寻找合适地点的时候，一名保护区的工作人员突然说："我知道一个地方，就在前面不远处，那里肯定是个拍摄野生动物的最佳位置！"无需犹豫，既然有人对这里如此了解，我们就直接听从了他的建议。果然，大约 100 米开外，他带领我们来到了这个位于山坡之上的小水坑儿。这里是山梁中间一段马鞍形凹陷的底部，因此得以汇聚了少量的雨水，形成了这个一米见方的水源地。虽然看起来水质混浊，但水坑儿四围遍布的动物脚印告诉我们，带路的那位老兄所言非虚。

满怀希望地在水坑儿旁设置好红外相机后，我们仔细清理掉四周人为留下的痕迹，就朝着下一个预设的区域进发。而收回这台红外相机的数据，则已是一个月之后的事情了。回收的过程我没有参加，但从当时那位带路的老兄后来打来电话时激动的语气中，我听出了他的喜悦与自豪。随后不久，我见到了现在在这里呈现给大家的这组照片：大熊猫，羚牛，野猪，豹猫，红腹锦鸡，红腹角雉，鹰雕，都先后来到这个貌不惊人的水坑儿边上，开怀畅饮。红外触发相机为我们记录下了这一幕幕精彩的瞬间。甚至，我们还拍到了极为罕见的两只成年大熊猫结伴来到水坑儿边饮水的画面。对于这种平素完全独居的动物来说，也只有在这个发情交配的季节，它们俩才有可能凑到一起。那么，它们是否刚刚激情过后相伴来此饮水解渴呢？照片背后，留给了我们更多自由想象的无限空间……

动物们的高速路

在很多地方的林区，都分布着或长或短的林区道路。这些道路，大都没有硬化路面，有的是通往野外管护站点的简易机动车道或摩托车道，有的是早期林木采伐时留下的伐木公路。1998 年我国实行天然林保护工程、全面禁伐天然林后，很多长期从事林业采伐的林场或森工企业相继停产并转产或改制。随着伐

▲ 在陕西长青国家级自然保护区内一处废弃的林区道路上，相机陷阱记录下了来来往往的多种多样的野生动物和保护区工作人员（按拍摄的时间顺序排列，从上到下，从左到右依次为：羚牛，亚洲金猫，甘南鬣羚，大熊猫，保护区野外工作人员，川西斑羚）

木工人的退出，很多原有的深入林区的伐木公路也被废弃。经过 10 年左右的时光，由于植被的恢复、水流的冲刷和塌方滑坡等不同程度地质灾害的影响，这些缺乏维护的老路大多已不再能通行车辆。于是，这些人为干扰程度很低的林区道路，就被野生动物频繁利用，成为它们往返迁移的林区高速路。

这样的道路，也是我们在野外设置红外触发相机、拍摄野生动物的好地方。

前面曾经提到，野生动物有时也有着和我们人类一样的偏好和选择，喜欢挑易于通行的路径来走。这些林区道路，就给它们提供了这样的选择。尤其是在那些地形复杂、两岸陡峭的山谷地带，野生动物一旦发现这样的路径，就会发现沿着已有的林区道路行走要比翻山越岭、穿越沟谷容易得多，何乐而不为呢？

那么，什么样的动物会更为喜欢利用这样的道路呢？通过总结分析红外触发相机展示给我们的数据，我们发现，大中型的食草动物和食肉动物更喜欢在这些高速路上通行。羚牛、斑羚、黑熊、金猫等兽类，都是我们在林区道路上设置的红外触发相机拍到的常客。其原因，我们猜测可能包括两个方面。首先，由于体型较大，相比于中小型动物来说，它们在密林中穿行会更为吃力，因此它们会对宽敞的道路偏爱有加。其次，这些林区道路相对于林中的兽径来说更为开阔，行走其上会大大增加被捕食者看到和追踪的概率。因此，中小型的动物会出于对捕食者的警惕而尽量避免选这样的路径，而体型较大的动物则在这方面的恐惧要相对小得多。尤其是对于那些大中型食肉动物来说，本身就是处于野外食物链的顶端，除了需要警惕同类竞争者和人类之外，更是无所畏惧，可以放心大胆地在这些高速路上穿行。因此，不管是在国内还是国外，这样的林区道路都是研究大中型食肉动物选点时的重点关注对象。

"臭水"边上的守候

在四川的卧龙自然保护区做野外调查的时候，给我们做野外向导的当地村民告诉我，在某条山沟里有个地方被他们称作"臭水"，如果在农历端午或重阳前后在那里设置红外触发相机，将会是拍摄羚牛和水鹿等食草动物的好机会。"真的有这么神吗？竟然连日期都能事先预知？"刚刚听到这个说法的时候，我的心中首先冒出这样的怀疑。"真的！那里的悬崖下面有股从石头中流出的水，是臭的。每年一到固定的时候，野牛和鹿子（当地人对羚牛和水鹿的称呼）肯定会到那儿去喝水！"可能看出我的似信非信，他就想急于证实自己的说法。可对于为什么会有这种现象，他却说不出个所以然来，只是说这是村上的老一辈的猎人们流传下来的说法，而他也曾亲眼见到过。

查阅了当地的地形图，我们一起在地图上标出了这个神奇的"臭水"的大致位置。与我们的红外触发相机调查计划一对，正好我们原定计划中要在那附近设置一台红外触发相机；而现在的时间，则正是端午之前。好吧，那就让我们一起去实地一探究竟！

由这位野外向导带路，我们背着野外装备在密林中走了两天，终于来到了"臭水"。没有想象中的特殊，这里原来是一条小沟底部毫不起眼的一个地方，一面四五米高的石壁中，流出一股细细的泉水。按照向导的指点，我用手捧起一捧泉水，把鼻子凑上去仔细地闻。果然，水中散发出一股淡淡的类似臭鸡蛋的气味。怎么这股特殊的味道有点熟悉呢，仿佛以前在哪里曾经闻到过？我细细地在记忆中搜索，哦，原来是以前化学实验课中提到的硫化氢（H_2S）气体的味道！看来，这股泉水是从富含矿物质的岩隙中渗出，或者与地下的地热资源有联系，因而其中溶解了不少矿物质和含硫气体。当这些泉水出露到地表后，其中溶解的硫化氢气体从中挥发出来，就形成了可以闻到淡淡臭味的"臭水"。我后来还用水杯装了一瓶"臭水"准备带回营地。等几个小时过后再次打开瓶口时，一股更为浓烈的臭味扑面而来。看来，随着时间的延长和水的晃动，更多溶解在里面的硫化氢气体被释放了出来。

想通了这一点，就可以解释这种臭水为何会吸引羚牛、水鹿等有蹄类动物的到来了。这些大型食草动物为了维持基本的生理机能和营养平衡，必须从外界补充一

▲ 工作人员在"臭水"出露的岩壁上方设置好相机陷阱（上），随后就拍摄到成群的羚牛前来喝水以补充矿物质（下）

定量的矿物质和盐分。而仅仅通过取食日常的食物，它们所摄入的矿物质和盐分往往不能达到其身体所需，因此，它们就会去自然界中寻找其他的来源。富含矿物质的泉水或泥土的地方，往往就成为它们频繁光顾的地点。这样的地点，通常会被当地居民称为硝塘，是老猎人们埋伏蹲守、捕猎野生动物的绝佳之处。而臭水，就是这样一个地点。野生动物的身体对于矿物质的需求程度有着季节性的变化，尤其是像水鹿这种每年双角都会定期脱落再重新长出的鹿科动物，新长出一对雄壮威武的大角是需要储备并消耗掉大量矿物质的。因此，这些动物会在某个特定的季节集中来到硝塘补充矿物质就顺理成章了。

把这处"臭水"背后的前因后果告诉我们的向导和保护区的工作人员后，他们都十分兴奋，因为搞明白了之前他们所观察到的那些现象背后隐藏的真正原因，同时对这个地方的野生动物与自然环境之间紧密关系的了解也更深了一层。于是，就在"臭水"这个位置，我们在泉水出露的岩壁上方设置了一台红外触发相机，镜头倾斜向下正对泉水出露之处，守候着动物们的到来。果然不出所料，一个月后这台红外相机为我们带回了羚牛等多种动物在岩壁下活动、饮水的大量照片。而在整个卧龙保护区中，类似"臭水"这样的地方远不止这一处，守候在其他类似位点的红外触发相机也从未让我们失望过。

臭水虽臭，但如果我们仔细品尝，用心思考，却可从中汲取有趣的野生动物生态学知识，指引着我们去一步步探究各种自然现象背后的奥秘。

谁动了羚牛的骨头？

在西南地区我们开展红外触发相机调查的区域内，羚牛是森林中体型最大的野生动物之一。自然状态下，我们在林子中做野外工作时，会偶尔发现死亡的羚牛个体或残骸。其死亡的原因，包括自然衰老死亡、感染疾病、繁殖期打斗所导致的致命外伤等等。这些死亡的羚牛尸体，实际上为森林中其他多种动物提供了大量可利用的蛋白质和食物资源。那么，都有哪些动物会来取食这"天上掉下来的馅饼"呢？

2011年的冬天，在四川省北部岷山地区的老河沟自然保护区，保护区的工作人员在野外开展红外触发相机调查时发现了一头死亡羚牛的残骸。当时，这堆残骸位于一片开阔沟谷底部的乱石滩中。从残骸的腐烂程度来判断，这头羚牛的死亡时间已经在数周以上，仅剩下附带有少量干肉的骨架和外部的皮毛。但让工作人员感到奇怪的是，羚牛残存的骨架显然被其他的动物翻动过，甚至还有部分骨头上留有被啃咬过的印迹！是谁动了这里羚牛的骨头呢？

　　无需人值守的红外触发相机就成为我们解答这个问题的重要手段。

　　工作人员在羚牛残骸旁设置了一台数码版的红外相机。一个半月后，当他们再次来到这里，欣喜地发现红外触发相机的存储卡已经被拍满了。利用小数码相机的LCD显示屏，工作人员在野外粗略地浏览了一下照片，赫然发现里面全是大熊猫的身影！可是大熊猫是吃竹子的啊，跑到这里来凑什么热闹呢？给红外触发相机更换了新的空白存储卡后，我们回到驻地，把照片下载到电脑上，再来细细浏览。原来，大熊猫就是那个动了羚牛骨头的神秘野兽！根据照片拍摄的日期和时间，我们发现，大熊猫在多个夜晚都来到红外触发相机前，翻动着羚牛的残骸。甚至，它还

▲ 相机陷阱记录下大熊猫在不同的时间反复来啃食羚牛残骸的照片

端坐在红外触发相机前方，或怀抱羚牛的整条脊椎骨，用力啃咬，或手握一根羚牛的肋骨，一截截地大嚼特嚼。这时的大熊猫，与我们在动物园中常常见到的那憨态可掬的形象大相径庭！

　　那么，大熊猫先后数次来到这里，肯定不是仅仅用偶遇就可以解释的。它是否在首次发现这具羚牛残骸后就记住了这个地点呢？为了验证这个想法，我们把那台红外触发相机一直保留到了第二年（2012年）的春天。果然，在后面几个月的时间里，大熊猫又多次来到这里，啃食羚牛骨头的形象被红外触发相机记录了下来。虽然大熊猫体表没有独特的斑纹，我们无法根据照片对拍摄到的大熊猫进行个体识别，但根据体型等特征，我们还是推测这前后多次拍摄到的大熊猫就是同一只个体。看来，它确实是记住了这个地方，记住了这里有着一堆羚牛骨头

可供随时享用。

大熊猫虽然在动物分类上被归入食肉目，但作为一种以竹子为主要食物、食性高度特化的熊类动物，它们与其他的食肉目动物在食性上却相差甚远。但是，大熊猫偶尔会"打牙祭"找点肉吃，这在之前也曾零星地被动物研究者所记录到。不止是肉，研究者们还发现大熊猫似乎还对骨头更为偏爱。这次在老河沟保护区红外触发相机拍摄的大量照片，则首次为我们留下了野生大熊猫啃食其他动物尸体和骨头的完整记录，为我们更进一步了解大熊猫吃肉的习性及其食物组成提供了难得的数据和信息。而至于大熊猫为什么会吃肉和啃骨头，则是我们今后需要深入研究的问题和内容。

其实，不仅仅是在老河沟保护区，我们在野外调查的过程中，还在其他多个发现羚牛尸体或残骸的地方设置了红外触发相机。在红外触发相机忠实的监控之下，我们发现，除了大熊猫之外，还有很多其他的动物会来赶赴这份大餐，包括野猪、猪獾、豪猪、大嘴乌鸦等。

免费的午餐人人爱

2012 年秋天，在四川省平武县的老河沟保护区，工作人员在公路边上发现了一只刚刚死亡的果子狸。接到报告后，我们立即出发把果子狸的尸体带回了保护区管理处的实验室。这是一只成年的雌性果子狸，表面看起来没有明显的外伤。从尸体的新鲜程度来看，应该是刚刚死亡不久；而从其口鼻出血的症状来看，我们怀疑是被公路上经过的车辆撞死的。为了验证对死因的判读，我们对尸体进行了解剖。果不其然，在它身体一侧胸腹之间的位置，皮下存在大量淤血，应该是被快速行驶的车辆撞击所致。从尸体上提取了少量的组织和毛发样品用于今后的 DNA 分析之后，该如何处理这具尸体就成了我们的下一个问题。拎着这沉甸甸大概十几斤重的果子狸，心想，就这么直接扔到垃圾堆里岂不有点可惜了。怎么能让它再做点贡献呢？环扫实验室一周，我们的目光最后都落在了摆放着红外触发相机的柜子上。何不把这果子狸尸体放回到林子里，旁边再设置一台红外触发相机，看有什么动物会来享用这免费的午餐呢？说不定，还会有什么有意思的发现呢。

说干就干。考虑到如果使用普通的红外触发相机，拍照时开启的闪光灯可能会惊扰到正在享用大餐的动物，我们就专门选择了一台使用红外 LED 射灯来补光拍照的红外触发相机。这款产自美国的 Reconyx 相机在白天光线充足的环境中可以拍摄普通的彩色照片；而在夜晚、晨昏或阴雨天气导致外界光线不足的情况下，则可以在拍照时开启一组专业的红外 LED 射灯，发射出人和大部分野生动物肉眼都无法看到的红外线对目标动物进行补光照射，拍摄出黑白的红外照片。这样，我们就不需要担心如果有动物来相机镜头前享用这份大餐时，会被突如其来的耀眼闪光惊吓到。

在距离发现果子狸尸体不远的地方，我们在森林中选择了一块相对比较开阔的平地，把果子狸的尸体放置在地面，然后把 Reconyx 红外触发相机固定在了1 米开外的一棵山核桃树上，镜头正对果子狸。全部设置好之后，我们就满怀期待地离开了，期待着几天后红外触发相机能够告诉我们有哪些南来北往的食客会在此驻足饕餮一番。

再一次地，红外触发相机没有让我们失望。收回的照片，忠实地记录下了一个个来访者的真容。而完全出乎我意料的数万张的照片，则清楚地向我们表明：免费的午餐真是人人爱啊！

借助红外触发相机连续拍摄的照片，可以还原出当我们离开之后，围绕着这具果子狸都发生了些什么。首先发现这份大餐的是大嘴乌鸦。它们虽然不是猛禽，但食谱中肉类所占的比例却不少，除了偶尔捕食各种小动物之外，尤其喜欢在动物尸体上取食腐肉。从照片上可以看到，先到的乌鸦们优先选择了果子狸的内脏，分而食之。然后，一个更大、更强壮的食客驱赶走了所有的乌鸦，闪亮登场。这就是鹰雕！从这只鹰雕留下的上万张照片中可以看到，它完全是冲着肉而来，而且一旦发现这里有免费大餐之后，每天都会来大吃一顿。甚至，它还曾经试图把整只果子狸抓起带走，但最终由于分量太重飞不起来而作罢。

随着夜幕的降临，乌鸦和鹰雕暂且退场，红外相机还记录下了老鼠、野猪等等纷至沓来赶着享用这份大餐的食客。甚至，另外一只果子狸也成了频繁到来的常客，啃食着同类残存的骨架和皮肉！

不止一次，红外触发相机在晚上还拍摄到了双眼反射着红外 LED 射灯光线、如灯泡一样明亮的猫头鹰——灰林鸮。这个访客完全在我的意料之外，因为据我之前的了解，鸮类是不吃腐食的，那么，这只灰林鸮是个例外吗？再一次仔细查看了拍摄到灰林鸮的系列照片，从其中两张照片中，我发现了端倪。原来，它到这里不是来蹭果子狸这个免费大餐的，而是在捕食果子狸尸体边上的小兽！从

▲ 围绕着果子狸残骸这份免费的"午餐"，各种动物相继登场（从左到右，从上到下依次为：大
嘴乌鸦，鹰雕，野猪，果子狸，红嘴蓝鹊，灰林鸮）

照片上看，被它捉到的小兽似乎是啮齿目的小型鼠类或食虫目的鼩鼱类。联想到后来现场检查时在果子狸尸体上发现的大量蛆虫，我的疑问就豁然开朗了。原来，森林中一些食腐的昆虫也发现了这份大餐，并把它们的卵产在尸体之中，以这份大餐来养育它们的下一代；而孵化出的大量幼虫则引来了食虫目的鼩鼱和啮齿目的老鼠到此大饱口福。由于鼩鼱和老鼠体型太小，不能有效地触发相机，因此它们没有被直接拍摄下来。但这些吃得忘乎所以的小兽却又吸引来了它们的天敌——灰林鸮，真可谓"螳螂捕蝉，黄雀在后"。同样发现了这一情况的，还有白天赶来的红嘴蓝鹊，从果子狸残骸之下啄出隐藏的鼩鼱，大快朵颐。

从我们把果子狸尸体放到野外，到最后一点残骸被拖走以致无影无踪，只有短短的 10 天。在这期间，红外相机捕捉到了 4 种兽类、5 种鸟类的身影，它们或是如乌鸦、鹰雕直接来享用这份大餐，或是如鼩鼱、灰林鸮般冲着聚集的食客而来。这是一个利用红外触发相机进行的小小实验，实际上，这也是野生动物生态学野外研究中常用的手段之一，可用于研究有哪些潜在的食肉动物和食腐动物会来消费自然界中的那些死亡动物个体所遗留下的大量蛋白质。这种方法，在野生动物疫病传播研究中也常被用到，因为一旦某个死亡个体或者某个来享用大餐的食客携带有传染性的病原体，那么这样的病原体就有可能在这种"聚餐"时通过直接或间接接触的方式，得以在同一物种的不同个体之间、甚至不同物种之间传播。

这样一组照片，也为那些喜好"野味"的人类食客敲响了警钟：你永远也不会知道，你在餐桌所享用的"美味"，在遇上你之前，它曾经接触过什么，曾经吃下过什么，是否曾暴露于传染性疫病的威胁之下，而你是否又会成为这种知名或不知名疫病的下一个感染者？2003 年肆虐一时的 SARS，就是通过非法的野生动物贸易，经由野味餐馆由野生动物传播给人类的新变种冠状病毒所致的高传染性、高死亡率疫病。虽然后来的科学研究表明，在 SARS 肆虐的整个过程中，果子狸并不是孕育变异病毒的源头，但却可能是疫病传播过程中的重要中间环节。SARS 所带来的破坏和苦痛，就是我们的前车之鉴！

第五章

从拍照到科学研究

　　拍到越来越多精彩的野生动物照片，令我们兴奋不已。然而对于科研人员和保护工作者来说，这只是工作的开始。必须把这些照片里面更多的信息和数据发掘出来，把众多的信息和数据综合在一起，通过统计分析，获得新的知识，用于科学的积累和保护的实践。对我们来说，这才是这项工作的最终意义所在。

基于红外触发相机设计监测项目与评估项目的最初尝试

中国目前已经建立了超过 2500 个自然保护区，其中很大一部分是用于保护野生动物的。比如到目前为止，为保护大熊猫建立的保护区就超过 60 个。保护区建立和运行耗费了大量的人力和财力，效果如何？这一直是政府和民间都关心的问题。回答这个问题的途径只有一条：建立指标体系，系统收集客观数据，评估保护政策实施前后的指标变化，评价其有效性。这个途径的简单描述就是生态监测。

监测，就是使用同一方法，在不同的时间重复收集同样的数据；数据之间比较的结果，就是指标变化的趋势，可以用来评估保护的效果。最简单的例子是：在某个区域，动物是否出现变化，或者动物出现频率的变化，可以用来评估针对这种（类）动物保护的成效。20 世纪 90 年代中期，当自动照相的方法在野生动物研究领域开始大行其道的时候，很多研究者就开始尝试用这个手段设计监测项目，评估野生动物的相对多度，甚至获取更多的信息，比如动物的种群数量。到我们 2002 年开始这个工作时，国际上已经有了不少尝试。我们的野外试验是在中国进行的使用自动照相技术监测野生动物多样性的最早尝试之一。

从 2002 年的春天到 2003 年年底的两年时间里，我们按照设计在四川的唐家河自然保护区进行了两年的数据收集。通过对这两年数据的整理和分析，我们确信这是一个监测野生动物的有效方法，能够弥补很多传统手段的不足。在实验设计和数据收集的过程中我们积累了经验，也获得了教训。当然，没有任何研究方法是完美的、万能的，认识到这种方法的不足之处，也是重要收获之一。

唐家河保护区的实践

开始的两年尝试是在唐家河保护区开展的。唐家河国家级自然保护区位于四川省广元市的青川县，属于岷山山系，北边与甘肃省的白水江保护区接界。面积 300 平方千米，海拔范围 1150～3800 米，沟深坡陡。除沟谷地带少量的弃耕农田自然恢复到了灌木的阶段、高海拔区域有一些草甸之外，森林覆盖比例超过 80%。保护区建立于 1978 年，保护对象除大熊猫外，还有国家一级保护动物羚牛，而且更以羚牛著称：在秋天进入到这个保护区，看不见羚牛的机会是很小的。

我们开始这个项目的时候，唐家河保护区已经是全国著名的管理规范、运行良好的保护区。此前国内外多个野生动物的研究项目在这里进行过，积累了不少的数据，保护区的人员也经历过多个科研合作项目和培训。在四川省主管部门的统一规划下，保护区正在开展以样线和动物痕迹调查为基本方法的监测工作。我们的红外触发照相监测的工作是在这些基础之上开展起来的。

设计红外触发相机监测项目方案，就是要确定在什么时间，把相机放到什么地方，放置多少天，怎么放置，谁去放置，数据（照片）怎么收回，如何整理和存储数据。所以，一旦单纯的拍摄照片成为了一个以研究为目的的项目，最终的目标由照片变成了数据，在设计和组织上就变得复杂了很多。好在我们的合作者是训练有素、富有经验的保护区工作人员。当时，唐家河保护区指定负责这项工作的李明富，是一位刚刚从东北林业大学野生动物专业毕业的毕业生。保护区已有的工作，规范的管理，科班出身的负责人，富有经验的工作人员，加上美国国家动物园的 Bill McShea 博士 —— 我们能够遇见的最好的生态学家之一 —— 作为项目设计的科学上的把关人，这些共同构成了我们工作的坚实基础。一句后话是，我们至今和 Bill 保持着紧密合作，李明富现在已经是唐家河保护区的管理局副局长。

野外数据收集的时间在每年的 3～12 月，冬天最冷的时间没有收集，主要考虑两个因素：第一是陡峭的山势加上冰雪覆盖，相机安放地点的较高要求，造成野外工作的危险性增加；第二是冬季的严寒使得支撑相机工作的电池消耗很快，无法正常完成工作。相机安放地点的选择，总体上是按照平均取样的原则：把整个保护区的调查区域划分成为 2000 米见方的格子，每 4 平方千米的格子里每次放置 5 台相机，工作 14 天，之后移动至下一个格子里面。整个保护区的调查区域划分成为 71 个格子。具体的放置地点由野外工作人员挑选他们认为最可能获得动物照片的地点，但要求任意两台相机之间的距离需大于 150 米，以保证每台相机之间数据的相对独立性。每台相机和每个胶卷都有唯一编号，放置相机、移动相机和收回相机或者胶卷都要填写记录表格，以保证数据（胶卷）与调查时间地点的一一对应。相机需要设置将每张照片的拍摄时间打印在底片上。相机设置时，还需要填写一张生境表格，记录相关栖息地信息。野外相机放置的工作与保

护区已有的日常样线监测工作尽量结合在一起，以减少人力的交通成本。李明富
除了参与项目的设计、组织和参加野外数据收集的工作外，最关键的作用是收回
所有的数据表格、胶卷，并整理归档。有效的数据最终输入专门设计的数据库。
事实证明这个工作非常关键，我们后来工作的一个区域的合作者没能重视这一部
分工作，我们在那个半年里最终得到的是一堆胶卷和一摞生境表格，二者却无法
对应，胶卷冲洗出来漂亮的照片，但对于最终的数据分析毫无贡献。

方案设计，实施调查，数据整理和存储，最终我们的数据库数据条目逐渐积
累起来了。数据记录的是什么时间，在什么地点，出现了什么动物。但这不是全
部，这套数据非常有价值的另外一面是什么时间段里，在那个位置上，某一种动
物始终没有出现。被调查地点动物出现和不出现的信息对于后面的分析是同样有
价值的。这也是单纯获得照片与研究数据的最大区别之一。

拍到的和没有拍到的

2002 年 3 月 — 2003 年 12 月，我们和唐家河保护区的同事们付出近两年的
努力工作，收获不小。我们总共在 392 个位点上收集了数据，获得了 19 个物
种的照片，其中有 16 个兽类物种（表 5-1）。有效的工作量共为 4515 个相机日
（相机日显衡量工作量的一种单位，每台相机野外工作一天称为一个相机日，类
似于小型兽类研究中的夹日）。其中已去除了因各种原因造成的无效的工作量：
如，相机丢失或损坏，电池或胶卷意外耗尽，相机设置距离过近而必须舍弃其中
之一的数据等。

这些数据告诉我们，在某一个地点上，在一定的时间里，某种动物出现了，
或者没有出现，以及在什么时刻，出现了多少次。大量的这样的数据，无疑变得
很有价值，但是要解释为什么会出现或者不出现，以及进一步用这些现象来评估
情况的变化趋势，就需要将环境数据叠加起来分析。环境数据的获得，主要通过
两种方式：第一种是实地的记录，在监测方案的实施过程中，每次在一个新的地
点放置红外触发照相机的时候，工作人员都要实地填写一个生境表格，记录相关
栖息地信息；第二种是使用地理信息系统（GIS），直接读取其中的一些栖息地
信息。使用这两种方法，我们提取了一系列数据，与动物的出现或不出现信息进
行叠加分析，看什么因素影响各物种的分布，其中也包括人为因素。

表 5-1　2002—2003 年用红外触发相机在唐家河调查到的兽类物种名录

物种中文名	物种拉丁名	出现位点数	拍摄照片数
羚牛	*Budorcas taxicolor*	45	206
小鹿	*Muntiacus reevesi*	28	50
毛冠鹿	*Elaphodus cephalophus*	26	39
猪獾	*Arctonyx collaris*	15	33
鬣羚	*Capricornis sumatraensis*	13	13
藏酋猴	*Macaca thibetana*	11	22
野猪	*Sus scrofa*	11	20
豪猪	*Hystrix brachyuran*	10	26
岩松鼠	*Sciurotamias davidianus*	9	15
社鼠（白腹鼠）	*Niviventer andersoni*	8	31
花面狸（果子狸）	*Paguma Larvata*	8	12
川金丝猴	*Phinopithecus roxellanae*	5	7
黄鼬	*Martes sibirica*	3	3
豹猫	*Prionailurus bengalensis*	2	3
斑羚	*Naemorhedus goral*	2	2
林麝	*Moschus moschiferus*	1	1

　　用于分析的栖息地信息包括：① 坡度，直接用 GIS 从数字高程模型（DEM）中读取；② 坡向，从 GIS 中生成，再划分成阴坡（东北向，北向，西北向和西向）和阳坡（西南向，南向，东南向和东向）进行分析；③ 海拔，从 DEM 中读取；④ 植被类型，为野外实地记录结果，分为 5 种类型，分别是常绿阔叶林（79 个点）、常绿和落叶阔叶混交林（128 个点）、针阔混交林（88 个点）、针叶林（11 个点）和高山草甸（20 个点）；⑤ 与最近村庄的距离，由 GIS 空间分析计算获得；⑥ 与最近保护站点的距离，由 GIS 空间分析计算而得；⑦ 与最近巡护线路的距离，由 GIS 空间分析计算而得。其中，我们把与村庄的距离作为人类干扰程度的指标，到保护站的距离作为保护力度的指标，与巡护线路的距离也是作为保护力度的指标。但显然实际情况可能更加复杂，因为保护人员和其他人员都会利用这些小路的。

　　在数据分析过程中，使用了多种分析软件和工具，包括：ArcView 3.3，

SYSTAT（Vers.11）等，在这里不涉及分析细节。获得的结果有些符合我们的常识，还有些则多少出乎意料。

唐家河保护区的主要保护物种是大熊猫和羚牛。在这两年的红外触发相机调查结果中，羚牛是被拍摄次数最多的物种，这很让人高兴，也符合我们日常野外观察所获得的印象。有几个一直存在于这个保护区名录的物种，我们在野外发现其踪迹甚至实体，这次通过红外触发相机调查，首次获得了图片证据，比如斑羚、鬣羚、林麝和豹猫等。然而，另一个事实令人困惑：一张大熊猫的照片也没有拍摄到！好在我们都确信这个保护区有大熊猫存在，一年前结束的第三次全国大熊猫种群和栖息地调查确定这一点，巡护队员们的日常工作的结果也确定这一点：新鲜的大熊猫足迹、粪便和取食留下的竹桩不难找到。同样的事情也发生在另外一个物种——亚洲黑熊上。困惑之外，我们最需要知道能否记录到这种动物主要取决于什么因素，当然是在它们确实存在的前提下。我们就从我们拍摄到的动物，加上大熊猫和黑熊来思考这个问题。

体型的大小无疑是一个重要的因素，这是羚牛成为这个保护区被自动照相机调查到的冠军物种的原因之一。固然羚牛的密度在这个区域很高，若说羚牛的数量多过社鼠或者野猪，显然缺乏说服力，体型肯定起到了决定作用。根据我们的经验，羚牛或者家牛大小的动物可以在20米以内触发我们所使用的红外触发相机，而豹猫很难触发5米以外的装置，社鼠被调查到的前提是靠近相机1米甚至更近。这个事实告诉我们，不能简单地使用在一个区域拍摄到照片的频率来比较不同物种之间的数量，尤其是体型大小差异悬殊的物种，根本无法比较。

如果动物触发相机的能力是相同或者相近的，那么一个区域内动物的密度将决定它们被拍摄到的机会的大小。这是一个可以用常识来解决的问题。出现密度越高的动物，我们得到其照片会越多，除非它们有意避免被拍摄到。

这也许可以解释为什么在唐家河最初的两年调查里，没能拍摄到大熊猫和黑熊的照片。黑熊可能是一个更加极端的例子，因为这个物种的生存和人之间有着很多的冲突：一方面，它们会在一些季节给人造成经济上的损失，比如损坏庄稼和偷吃蜂蜜；另一方面，昂贵的熊掌和熊胆使得人们更愿意处心积虑地去捕获它们。于是黑熊成为这个区域遭受偷猎压力最大的物种，"小心驶得万年船"可能成为了生存之道，它们可能尽最大努力在野外避开任何看起来来自于"人为"的物体。这一点我们在后面3年，在唐家河试图捕捉黑熊，使用无线电和GPS跟踪的方法开展的一个生态学的研究中，有了更加清晰的认识。在那个项目中，我们尝试了世界上所有其他地方成功捕捉熊类动物的方法，也邀请了几位具有丰富成功经验的研究者到实地合作，但是除了一个不谙世事的一岁半的小黑熊在偷蜂蜜的时候着了道儿之外（这个小熊的大小根本无法进行 GPS 跟踪），我们一无所获。有很多次，我们确信有黑熊从设置的陷阱边绕了过去，尽管那里有美味的食物，甚至蜂蜜。可能我们的红外触发相机对于这里的黑熊们来说，同样显得"可疑"吧。后面在 2004 年继续进行的调查里，终于首次拍到了黑熊的照片。

大熊猫呢？至今我们并不完全清楚其中的玄机。2011 年，我们在秦岭的西部安放红外触发相机做调查的时候，也出现了同样的困扰，相机旁边出现了新鲜的大熊猫脚印和粪便，但是没有拍到照片。通过测试，确定照相机的工作一直是正常的。在岷山区域的王朗保护区的调查中，大熊猫的数据很快就进入了数据库；同样，在秦岭中部的长青保护区，也在调查开始后的第一批数据里，就获得了大熊猫的存在。各类因素，包括设备、设置以及使用的气味引诱剂完全相同，各个地方得到的数据间的差异却如此之大，合理的解释是在一个短期历史内大熊猫个体在这些地区可能有着不同的经历。

为了解决这个问题，一方面需要加强设备设置时的伪装，尽量减少周围区域人为活动的痕迹；另一方面需要考虑的问题是，即使人为痕迹对动物没有影响，从设置到拍到第一个动物照片所需要的天数，这是红外相机拍摄工作中客观存在的一个重要数据，而这天数主要取决于该地区某物种的密度、人为设置影响减弱的速度以及动物活动的频率和周期。在唐家河保护区，我们计算了所拍摄到的几个物种第一次出现的时间（天数）：藏酋猴 6 天，羚牛和鬣羚 7 天，小麂 8 天，毛冠鹿 9 天。所有物种平均的数据是 12 天。那么，我们 14 天的调查周期，对于拍摄到一部分物种可能是不够的？显然可以做的重大改进是延长一次调查的时间。设备耗电性能的改进，也使得这种改进成为可能。

什么影响动物的分布

在唐家河前两年的数据中，有 13 个兽类物种的数据量足够大，可以用来分析其分布与环境因素之间的关系，也就是用照片的信息、叠加栖息地信息（海拔、坡度、坡向和植被覆盖类型）和人类环境的因素（到保护站点、巡护线路、公路和村庄的距离），考察影响动物分布的原因，从而评价不同物种保护所需要的条件（表 5-2）。

表 5-2　影响物种分布的因素分析

物种名称	出现位点数 / 未出现位点数	与分布模式相关的因素
羚牛	35 / 224	未检测到相关因素
小麂	26 / 244	靠近保护站点 接近巡护小道 偏好阳坡
毛冠鹿	26 / 244	远离保护站点 远离村庄 接近巡护小道 偏好阔叶混交林
猪獾	14 / 256	偏好低海拔 偏好常绿 / 阔叶混交林
鬣羚	13 / 257	偏好常绿 / 阔叶混交林
野猪	11 / 259	靠近保护站点
豪猪	9 / 261	靠近保护站点 偏好低海拔 偏好阴坡 偏好针阔混交林 远离公路
藏酋猴	8 / 262	偏好常绿 / 阔叶混交林
花面狸	8 / 262	靠近保护站点
川金丝猴	5 / 265	远离巡护小道
社鼠	6 / 264	靠近村庄 靠近保护站点
岩松鼠	6 / 264	未检测到相关因素
黄鼬	3 / 267	靠近村庄

　　以上是我们在当时的数据，以及在特定分析方法的前提下所获得的结果。在考虑影响动物分布因素的时候，海拔、坡向、坡度和植被类型通常是最先考虑的基本因素。这两年在唐家河收集的数据，只发现两个物种对海拔的偏好：豪猪偏好 1400 ~ 2500 米的海拔段，而猪獾偏好 1250 ~ 2500 米的海拔段；而没有观察到物种对坡度的偏好；部分物种（毛冠鹿、猪獾、鬣羚、豪猪和藏酋猴）显示出了对某一植被类型的偏好。而我们更为关心的是这些物种的分布与人类活动的关系，包括与保护行动的关系（与保护站点和巡护小道的位置关系），以及和人类日常活动的关系（与村庄和公路的位置关系），这些结果对于保护管理更加具有

参考意义。

有 8 个物种（小鹿、毛冠鹿、野猪、豪猪、果子狸、川金丝猴、社鼠和黄鼬）对人类的存在显示出了不同方向的敏感性。除了统计检验的结果外，如果比较这些物种出现位点与保护站点、巡护小道、公路和村庄的距离，与所有调查位点与这些因素的平均距离，也明显看得出偏好：接近或者远离的倾向。这其中，川金丝猴对包括巡护小道在内的人类活动都表现出了回避的倾向。川金丝猴是这个区域内被看做"国宝"级的另一个兽类物种，一个不同于其他动物的明显特点是大部分时间在树上活动（包括相比于同为灵长类的藏酋猴，其树上活动比例高很多），因此历史上其所受偷猎的主要方式是猎枪，而其他物种则面临很大比例的陷阱偷猎方式。陷阱偷猎的方式，可以被日常的巡护活动（拆除陷阱装置）有效减少，我们推测这可能是川金丝猴避免任何人为活动区域，包括巡护小道的原因。毛冠鹿是另外一个很有意思的例子，它们的分布表现出了对保护站点和村庄的回避，却接近巡护小道。我们通过进一步分析村庄和保护站点的关系，猜测实际情况可能是保护站点与村庄距离比较接近时，其保护效果无法抵消村庄的存在对毛冠鹿的影响，而更加远离村庄的巡护小道区域可以为毛冠鹿提供更安全的场所。其余几个物种也都表现出了对保护站点和村庄这两种人类居住点的不同偏好，说明了保护区的建立和保护站点的设置对至少一部分野生动物起到了保护的效果。而社鼠和黄鼬，对于村庄具有明显的偏好，应该反映了它们生活中资源利用的特点，即它们需要很大程度上直接或间接依靠人类提供的食物资源。

在这些物种中间，羚牛的数据无法看出其分布与所分析的因素的相关关系，主要因为它们的分布遍及保护区全境，而与这些因素看不出正面或者负面的相关。另一个物种是岩松鼠，虽然分布没有羚牛那么广，但同样表现出其分布没有受到这些因素的影响。

一个新的监测方法开始建立和推广

通过对这些数据的分析，我们获得了很多关于这些物种分布的信息，另一个重要收获是，可以评估这种方法用于野生动物监测的可能性，以及评估方法的一些设计关键因素。

作为监测的手段，需要收集可以量化的数据，及时反映物种和环境的变化。从这一点上来说，被动式红外触发照相的手段无疑是符合这个要求的。从已经拍摄到的 19 个动物物种，以及在后续调查中获得的大熊猫、黑熊和金猫等物种的数据表明，绝大部分物种都可以作为监测项目的目标，其中包括一些其他监测手段不易、甚至无法调查到的物种，比如豹猫、金猫等对人极其敏感的动物。

此外，这个方法解决了以前在样线痕迹监测过程中出现的数据的不准确或者偏差。这个区域同域分布着多种有蹄类动物，羚牛、鬣羚、斑羚、毛冠鹿、小麂、林麝和野猪，它们在痕迹调查中主要能够被记录到的是脚印和粪便，而这些物种在体型和粪便形状、大小方面有诸多的重叠，准确判断则有赖于经验和责任心；而在一些客观条件的限制下，几乎难以判别。我们高兴地看到，红外触发相机拍摄的照片，几乎可以完全解决这个问题。同样的事情也发生在小型食肉动物粪便的辨别上，监测的数据质量可以因此大大提高。

如果设置得当，每张照片都会附有拍摄的时间，这样，这些野生动物分布数据就有了准确的时间信息。而在痕迹调查中，即使物种鉴定的信息准确，其时间属性也只能通过经验判断来确定一个或长或短的时间段。同时，一旦设备正确设置后，调查的时间只决定于电池寿命和胶卷的消耗情况，取样的时间和量也大大增加了。在生态学研究中，这是一个很关键的提升。

我们也认识到，红外触发相机不是一个万能的工具。当时唐家河保护区的哺乳动物物种名录记载有 85 种。我们到现在也只获得了 20 多种，即使那 85 种并非全都是现存的，红外触发相机所拍摄到的物种仍然是一个小的部分：只有分布密度和体型大小都达到一定的程度时，一个物种才能作为红外触发相机监测的对象。

大熊猫和黑熊的例子告诉我们，我们需要更多的探索，至少在后面的调查设计中，我们的调查周期从 2 周延长为 4 周，以确保在每个位点上活动的更多物种能够被记录到。同时，在空间设计中，为了确保相机之间离开足够的距离，我们把 4 平方千米的调查单元减小到 1 平方千米，每个单元的 5 台相机，分配到更小的地理范围里面。

这是一个不错的开始，以红外触发照相为手段的监测项目开始了更多的设计和实施。到如今，以红外触发相机作为监测手段已在全国的自然保护区有了大面积的推广。

为鸟类的研究尝试新的途径

被动式红外触发相机的工作原理，是感知周围温度的变化，触发照相。能够引起温度变化的因素之一是温血动物的出现，包括哺乳动物和鸟类。因此，虽然人们使用这种装置的初衷是探测哺乳动物的活动，而理论上鸟类同样也可以触发这些相机。事实也是如此，在研究的一开始，就不断有鸟类物种出现在照片册里，随着积累也形成了不错的数据集合。我们尝试对这些数据进行分析，在野外摸索专门针对鸟类的取样；几年过后，成功地为鸟类的研究探索了一些新的途径。

红外触发相机对于拍摄对象是有选择的，倾向于体型较大的、移动相对缓慢的，而且相对于设置的位置，是可以被探测到的动物。于是，在针对兽类的调查过程中，有多个鸟类物种被拍摄到。但是能够较高频率重复调查的鸟类物种，主要是雉类：地栖，体型较大，移动相对较慢。对于这些物种数据的提取和分析，让我们惊喜地看到：这是一个研究鸟类的有效手段。

王朗和卧龙——我们的实验室

1963 到 1965 年间，中国建立了最早的一批保护大熊猫保护区，其中有王朗和卧龙保护区。我们对雉类物种研究的红外触发相机数据，就是在这些区域获得的。

王朗保护区位于四川省绵阳市平武县，属于岷山山系。王朗面积 323 平方千米，海拔 2300 ~ 4980 米，随着海拔自下而上植被垂直梯度清晰：落叶阔叶林 – 针阔混交林 – 针叶林 – 高山灌丛 – 高山草甸。这个保护区的名字对我们来说从小就不陌生，在小学自然课的课本里，讲到自然保护区的时候，就提到王朗。还记得很老的画报上介绍王朗，穿着色彩斑斓的少数民族衣服的少女和大熊猫在一起，处于烂漫山花之中。现在知道那是白马藏族的同胞，而那照片一定是摆拍出来的了。1998 年我们第一次来到这里，那时我的同事在这里帮助建立了第一个自然保护区的生物多样性监测项目；也是在那时候，我们认识了王朗保护区的一把手：陈佑平，一名森林警察，一个典型的聪明、灵活、机智、幽默的四川人，16 年的海军经历，使他知道身先士卒是使得一个单位向上提升的最重要因素。我们几年的合作，使得王朗保护区的每一个人都成为了得力的科研助手，我们也结成了最坚固的伙伴关系。所以在唐家河的项目试点取得成功，需要推广的时候，王朗保护区成为首选之一。几个月的项目预试验结束后，我们决定开始一次全面普查。陈佑平专门指定了人员负责配合和管理这个工作：邵良鲲，一名从北京的部队退伍不久的小伙子，敦敦实实的身材，永远微笑的面孔，你绝对想象不到他是部队里的擒拿格斗高手。我更加没有想到的是，几个星期之内，他就可以全面接管工作：计算机地理信息系统作图，设计调查方案，组织野外工作，数据整理归档。直到今天，他还在负责我们这个区域的调查工作，虽然他已经成为了当地林业局的总工程师。

相比于王朗，卧龙保护区面积更大：2000 平方千米，海拔范围更广：1200～6250米，也有明显的垂直植被带谱。因为其成功的大熊猫饲养繁殖中心，卧龙的名气也更大，在中国几乎成为了大熊猫的代名词。由于我们的研究集中于野外动物的研究，而卧龙饲养繁殖大熊猫的炫目光环掩盖了其他的亮点，直到 2005 年，我们与卧龙合作开始红外触发相机调查的时候，才发现卧龙保护区有一支高素质的

▼ 王朗自然保护区高海拔的原始针叶林和高山灌丛景观

▲ 卧龙自然保护区中低海拔的次生阔叶林景观

野外团队，在默默开展着野外动物的监测工作。这个队伍的代表人物是施小刚，当时野外监测办公室的负责人。我们发现他们对野外是那么的熟悉和热爱，他们是那么急迫地渴望把野外监测向前推进一步，红外触发相机的应用似乎正好呼应了他们的需求。整个项目培训除了野外的设置等方面的培训之外，还有数据管理方面的同步训练，包括地理信息系统和数据库软件的操作训练等。施小刚接受这些培训后，如获至宝，天天都在操练。之后的一年里，我们即使在北京，也经常忽然接到他的电话，询问软件使用或者数据处理方面很细节的问题。虽然有时我也解决不了，但是施小刚和他的伙伴们的工作热情和态度，让我们对最终的工作结果充满信心。事实证明也的确如此。

　　2004 年开始到 2007 年底，在与多个保护区合作开展的研究中，王朗和卧龙以最高的效率收集着数据，成果丰硕。在漂亮的数据库里，我们将雉类的数据提取出来，进行专门的分析，并完成了中国大陆使用红外触发相机进行鸟类研究的最早的科研论文。

雉类及其研究

雉类，我们一般通称为野鸡，是主要在地面活动的体型较大的鸟类。也正因为这些特点，使之成为被动式红外触发相机的理想的拍照对象。全球总共记录有雉类物种 179 种，中国有 63 种，是雉类物种最为丰富的国家之一。但是，相比于丰富的资源和由于经济高增长所带来的威胁，这些物种的信息是非常缺乏的。我们所调查的西南山地区域，正是雉类分布丰富的地区，但是多数物种都分布在深山密林里，还有一些在更高海拔的灌丛和草甸上，获得它们的直接观察信息是非常困难的，所以，传统的研究方法大多为非直接观察，比如鸣声计数、脱落羽毛计数等。显然，这些方法除了数据质量方面的问题外，还受到调查季节的影响。而对于鸟类生活史的研究及其迁徙的研究，则需要无线电跟踪、GPS 跟踪或者环志等，这些研究可以提供高质量的数据，但是受到设备资金等方面的严重限制，尤其需要涉及动物捕捉，会有更多的动物安全方面的考虑。此前，红外触发

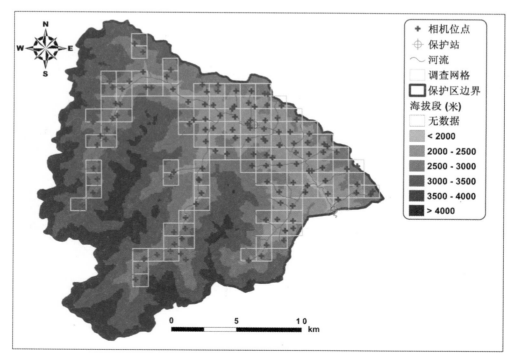

▲ 我们把王朗自然保护区划分为 1 平方千米的网格，选择有森林分布的方格（标出样方中心点的格子）进行相机陷阱调查

相机在国外和中国台湾地区也曾经被用于鸟类的研究，主要是设置于鸟巢旁边，进行鸟类繁殖的研究、调查鸟巢的捕食者以及针对地栖型鸟类进行的种群统计、栖息地选择和活动模式方面的研究等。而传统的雉类研究里，并不包括使用自动拍照技术，以前的关于雉类研究的自动相机数据也都是作为兽类调查的一个副产品。所以我们试图从全部动物多样性数据中分离出雉类数据，进行更多的总结和分析，整理出一套针对雉类研究的标准化方法。

2004～2007年，我们的调查针对包括雉类物种的所有地栖型温血动物。根据在唐家河保护区获得的经验和教训，我们把研究区域划分为1平方千米的方格，每个方格用一台设备，进行一个月的不间断调查。具体地点由设置人员选取，要求相机距离地面30～50厘米，距离动物最可能出现的位置（比如兽径或者水源地）3～5米的距离。记录生境信息，相比于唐家河的调查，增加了森林郁闭度和周围树木的平均胸径的数据。

3年的时间里，我们总共完成了183个调查点，工作量4908个相机日。其中王朗在海拔2400～3600米的范围内，调查了132个位点，共3793个相机日；卧龙在海拔2000～4200米的范围内，沿11条日常巡护小道，调查了51个位点，共1115个相机日。在获得的2750张动物照片中，共有308张雉类物种的照片，涉及9个物种（表5-3）。

表5-3 王朗和卧龙保护区调查到的雉类物种名录

中文名	拉丁名	IUCN受威胁等级*	王朗		卧龙	
			照片数	位点数	照片数	位点数
斑尾榛鸡	*Bonasa sewerzowi*	NT	1	1	—	—
雪鹑	*Lerwa lerwa*	LC	—	—	13	2
四川雉鹑	*Tetraophasis obscurus*	LC	4	4	—	—
藏雪鸡	*Tetraogallus tibetanus*	LC	—	—	4	1
血雉	*Ithaginis cruentus*	LC	150	43	33	6
红腹角雉	*Tragopan temminckii*	LC	25	8	43	15
绿尾虹雉	*Lophophorus lhuysii*	VU	—	—	8	3
勺鸡	*Pucrasia macrolopha*	LC	5	2	10	3
蓝马鸡	*Crossoptilon auritum*	LC	12	9	—	—

*注：IUCN受威胁等级：LC, Least Concern 无危; NT, Near Threatened 近危; VU, Vulnerable 易危（2010年评估等级）

▲ 相机陷阱在王朗和卧龙自然保护区内记录到的9种雉类（从上到下：左1，雪鹑；左2，雉鹑；左3，红腹角雉；左4，绿尾虹雉；左5，斑尾榛鸡；右1，藏雪鸡；右2，血雉；右3，勺鸡；右4，蓝马鸡）

在这些物种中，仅有绿尾虹雉一个物种被列入了国际自然保护联盟（IUCN）的受威胁名录之中，但是它与四川雉鹑和斑尾榛鸡一起被列入了中国保护名录中的第一级，其他 6 个物种都在国家二级保护的名录上，很重要的原因是由于在中国，这些物种受到的威胁更多，还有许多是中国西南山地的特有物种。而在这次调查中，王朗保护区记录到仅有的一次四川雉鹑是这个保护区开展动物监测以来第一次记录到的物种；而对于卧龙保护区，这次调查获得了他们的第一张雪鹑和第一张藏雪鸡的图片证据，此前 3 年的所有监测记录都来自于叫声的记录。

可以清楚地看到，在两个保护区都调查到的物种只有 3 个，血雉、红腹角雉和勺鸡，而前两种的照片数量和出现位点都是最多的，无疑是调查区域里分布最广的雉类物种。因此涉及的进一步的数据分析都集中在这两个物种上。但是我们也知道，一些没有记录到的雉类物种，原因更可能是密度很小，或者我们的调查区域范围不够，还可能是我们的调查强度不够。例如，王朗保护区鸟类名录中有雪鹑和绿尾虹雉，但是我们的红外触发相机调查中没有获得数据；实际上从卧龙的数据可以得到结论，这两个物种以及藏雪鸡都是属于高山灌丛和高山草甸分布的物种，海拔高于 3600 米，而王朗保护区的调查取样重点放在了森林类型的栖息地中，所以我们无法获得结论说这些物种在王朗保护区不存在。同样出现在王朗鸟类名录上的环颈雉（*Phasianus colchicus*）未能调查到，其原因则可能是因为这是个低海拔物种，王朗保护区即使有，也是其分布范围的边缘地带了。而对于卧龙保护区来说，斑尾榛鸡、四川雉鹑以及红腹锦鸡、白马鸡这些确定存在的物种，可能有待于更多相机日的调查才能获得数据。毕竟 53 个位点相对于 2000 平方千米的卧龙保护区来说，调查力度是不够的。

透过照片得到的更多的雉类信息

在我们的动物多样性调查中，所拍摄到的野生动物照片里，超过 10% 是雉类物种的照片。同针对兽类物种的分析一样，数据深入的分析可以给我们带来关于这类物种的更详细的信息，总结出新的知识，或者至少可以提出新的问题和假设。为了能够对结果更加量化，借鉴已有的研究结果和标准化的方法，我们采用了一些量化的指标来描述物种的分布情况，例如，使用拍照率（photographic rate）来描述一个地理区域（比如一个保护区，或者某个海拔区间）某个物种被拍摄到的机会，也就是出现的频度。具体定义为

$$拍照率 = \frac{探测次数 \times 100}{工作的相机日}$$

其中，探测次数的定义是：在一个地点、一个 30 分钟周期内、一个物种在照片出现过，就计为一次探测；无论在这 30 分钟内这个物种有几张照片，或者同一物种在一张照片上有几只个体。

再比如，我们用日活动指数（daily activity index, 或者 DAI）来表示某物种在某特定时间段的活动强度，以考察动物的日活动节律。具体我们使用 2 小时作为时间间隔标准，定义如下：

$$DAI = \frac{在这个时段内拍摄到照片的张数 \times 100}{该物种照片总数}$$

有了这些量化的指标，我们得以在不同区域之间和不同时间段内比较一个物种出现的可能性，从而推测其栖息地偏好或者活动节律。

不同海拔内红外触发相机对物种的拍照率，揭示了不同物种对海拔的利用偏好。雪鹑、藏雪鸡和绿尾虹雉只分布于海拔 3600 米以上的亚高山灌丛地带。血雉的分布海拔范围最广，2400 ~ 3800 米都有，但是通过拍照率数据的比较，发现在王朗（拍照率 4.74）和卧龙（拍照率 3.46）两个保护区内，血雉分布密度最大的海拔段是 2800 ~ 3200 米。红腹角雉分布范围覆盖的海拔段为 2200 ~ 3200 米，而分布密度最高的海拔段都是 2400 ~ 2800 米（王朗保护区拍照率 0.64，卧龙保护区拍照率高达 7.94）。勺鸡则只在 2400 ~ 2800 米的海拔范围分布。

使用日活动指数（DAI）我们可以考察部分物种的日活动节律。仍然以血雉和红腹角雉这两个物种为例。结果发现，这两个物种在每个白昼都有两个相对的活动高峰，其中血雉在每天上午 10：00 – 12：00 的活动高峰十分明显。

这两个物种的性别比例和社群结构也可以通过照片的信息汇总获得一些结果。关于性别比例，血雉有 224 只成年个体出现在照片里，其中雄性 152 只，雌性 72 只，性别比例雄：雌 = 2.11：1.00。包含有多只成年个体的血雉群被多次记录到，最多的一张照片上有 8 只成年个体。红腹角雉的 69 只成年个体，计数后性别比例为雄：雌 = 2.29：1.00。有两张照片上有多只个体，但是没有记录到超过 2 只聚群的行为。我们注意到这类研究报道不多，在以往相近物种的研究中，所报道的性别比例更加接近 1：1。所以这些观察是十分有价值的。同时我们也需要

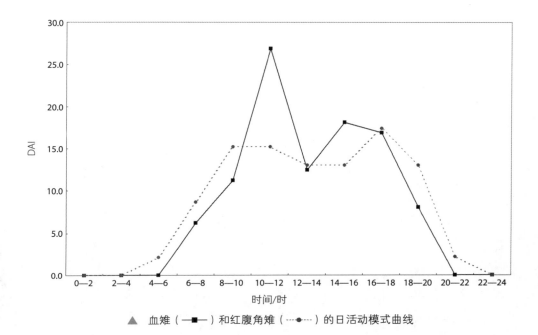

▲　血雉（—■—）和红腹角雉（┈●┈）的日活动模式曲线

考虑到可能的偏差来源：雄性个体用更多的时间来巡视领地，或者当聚群活动的时候，雄性个体会在前面，而为了节省胶卷我们给红外相机设置了 3 分钟延迟拍照，会忽略其后跟随的雌性个体。这些推测需要今后的更多数据来验证。

红外相机在鸟类研究上的应用前景

尽管这是针对所有大中型森林温血动物的调查，鸟类的"上镜率"还是很高的。在王朗和卧龙保护区这三年的调查中，另有 21 种非雉类的鸟类物种被记录到，有些甚至体型很小，身长 10 厘米以内。因此雉类的监测使用这个方法是可行的。

不同的物种种群动态和栖息地选择的研究中，对于海拔段的选择应有所侧重，我们这个分析集中在中高海拔段，因此，如红腹锦鸡和环颈雉一类的低海拔物种没有出现在调查数据中。对于珍稀物种，更可能的是获得其存在的证据。如果需要获得种群动态的指标，则需要在时间和空间上大量增加调查工作量。针对雉类物种的监测与大型兽类还是有差别的，除了相机设置位置和角度的区别外，考虑到雉类物种较小的巢域面积，应该加大相机设置的密度，比如每平方千米放置 4 台。

第六章

从研究到保护管理

过去十多年的实践证明了，红外触发照相技术在森林生态系统里，对于大部分大中型动物，都是一个有效的监测和调查方法。硬件技术还在不断进步，分析方法也日新月异，我们可以看到这个方法以及更多的衍生的类似技术，在未来的野生动物调查、监测、摄影和保护区管理方面的应用前景。

系统的红外触发相机监测
可以用于评价保护管理的成效

中国目前有超过 2500 个各种类型的自然保护区，需要一系列指标和工具来评价其保护管理成效。这其中以野生动物为保护对象的保护区，红外触发照相的方法所获得的数据是否可以作为一种评价的指标呢？对此我们进行了尝试，所获得的初步结果表明，对于大中型哺乳动物是可以的。这些工作的结果 2012 年发表在杂志《多样性与分布》（Diversity and Distributions）上。

保护地建立的目的，是通过对于栖息地和人类活动的管理，起到物种和生态系统保护的关键作用。评价保护区，需要建立起保护区管理的指标与保护目标的指标之间的相互关系。

在这项研究之中，我们使用了三个山系（秦岭、岷山和邛崃山）的 6 个区域（长青、王朗、卧龙、唐家河、雪宝顶和老河沟林场保护区）2002 ~ 2008 年间的数据，总共涉及 722 个位点，工作量为 16 521 个相机工作日。在调查到的 38 个哺乳动物种里，我们选择了 14 个数据量可以达到统计方法要求的物种进行了分析。对这些物种数据的处理与前面章节所介绍的大致相同，用于指示每个物种在该位点出现的概率，代表该物种对这类栖息地的利用程度。

要量化评价保护管理的水平和力度，是这个研究中最大的挑战，我们希望找到一个客观的评价指标。最终我们采用了一套基于各个区域客观数据的"专家访谈评价"指标：挑选了 6 名专家，其中 2 名来自于行政主管部门、2 名来自于科研部门、2 名来自于环保非政府机构，这些专家在保护领域都有着 10 年以上的从业经历，对这些保护区都比较了解；而且他们在接受访谈时，并不了解这些信息将用于什么样的分析。他们被问及的内容包括：① 该区域处于保护管理之下的时间；② 从事保护工作的人员数量；③ 监测的强度和频率；④ 巡护和反盗猎活动的强度；⑤ 工作人员的管理水平。每项指标从弱到强评分（0 ~ 5 分），最终得到每个保护区的综合评价。这 6 个区域的评分获得了从 2.17 ~ 4.33 的分数。

同时很明确的事实是，动物分布的情况还受到除保护管理之外众多因素的影响，必须加以考虑和排除，才能凸现保护管理的作用。在这项研究中，我们尽可能加入了有影响的自然和人为因素：自然因素包括：纬度、海拔、植被类型、乔木胸径、灌木密度、与道路的距离、坡度、坡向以及季节；人为因素主要涉及的是调查中的人为设置因素，包括使用的是胶片相机还是数码设备，以及是否使用了气味引诱剂等。我们认为，全面考虑了这些因素之后，影响动物分布的主要因素就是保护管理的力度了。

被调查的 38 个哺乳动物物种中，有 14 个物种的数据量可以用于分析。通过对这 14 个物种在 722 个取样位点的出现率的占域模型分析（Occupancy Modeling）和逻辑斯蒂回归（Logistic Regression）分析，我们发现其中的 11 个物种的出现概率与保护管理的水平是正相关的，它们是大熊猫、羚牛、亚洲黑熊、猪獾、黄喉貂、黄鼬、果子狸、野猪、川西斑羚、甘南鬣羚和豪猪。也就是说良好的保护管理行动，能够让这些物种的种群得以提升；换言之，如果我们在同一个区域持续系统地收集这些物种的相对多度的数据，在其他栖息地条件没有大改变的前提下，如果种群指标提高，说明保护管理活动是有效的。

3 个没有显示出与保护管理水平有相关关系的物种是：豹猫（显示出倾向于低的灌木密度）、小麂（显示出倾向于较低海拔）和毛冠鹿（显示出倾向于较低纬度）。

红外触发照相可以提供的更多知识

对于野生动物的保护管理，仍然面临的瓶颈之一是信息的缺乏。我们在红外触发相机技术的应用过程中，努力填补了一部分知识空缺。但是我们目前的工作还没有把这个技术的潜力完全发挥出来，还有很多可以探索的方面。总结国内外这个领域的工作，红外触发照相技术在野生动物信息收集方面主要有 3 个应用方向：① 单个或者多个物种的存在，出现概率、所构成的动物群落结构以及变化；② 物种的一些行为学信息，比如昼夜活动节律、集群行为和捕食、腐食等行为；③ 物种的相对多度甚至种群数量（或密度）。

从物种到群落层次的认识和知识积累

对于大多数保护区以及科研人员来说，物种存在的证明往往是引入红外触发相机的最初目的，尤其对于那些珍稀物种，比如大熊猫、羚牛、豹、雪豹和金猫等。随着调查活动的持续，对于作为物种存在证据的照片开始习以为常，这时就自然而然地开始关注这些物种会出现在什么样的地点，在什么样的地点出现的可能性最高，以及在什么样的地方这些物种不会出现。这些积累形成了关于物种对栖息地利用的认识，这些认识可以马上用于栖息地和物种的保护管理。再进一步的积累，就会形成我们对不同区域或者栖息地类型中动物组成，或者我们称为动物群落特征的认识，这些知识所产生的帮助就不再仅仅局限于针对物种的保护管理，而深入到生态系统保护管理的领域了。我们以往12年的工作基本是沿着这样一条脉络"进化"着，而参与类似工作的保护区也都自然而然地循着这样一条路径。随着数据的积累，我们的重要关注点已经从物种走到了动物群落层面。

从个体到物种行为学的积累，再到生态学的进一步提升

前面介绍的例子，已经涉及了部分行为学的分析，比如羚牛的昼夜活动节律、雉类物种的集群行为特点等。随着一个区域多个物种的数据积累，我们可以对更多的物种采取同样的分析方法，获取相关知识。再进一步，随着调查网络的不断扩大，同一物种的相关行为学特征可能在不同地区显现出明显的差异，对这些差异的观察积累和分析，以及产生这些差异的原因的探知就能够真正地形成对一个物种的特性的认识。如此逐渐编织和扩大的关于野生动物相关行为学知识的知识网络，是使用其他方法难以达到的，因为这些积累包含时间和地域上所显示的差异性，所以需要长时间积累，但这个知识网络将是非常坚实和不可替代的。

通过这些数据，我们将清楚地看到同域的物种之间在时间和空间利用上的关系，如果其对资源的要求相近，那么我们就涉及了经典的关于"生态位"分离/重叠的生态学问题。针对多物种时间和空间以及行为大数据量的统计分析，可以让我们更多地了解物种间，尤其是分类地位相近的同域物种之间的生态位关系。或者至少可以给我们进行相关深入研究的更加清晰的线索。

我们的每一个研究区域无一例外地同时拥有5种以上的有蹄类动物，和5种以上的中小型食肉类动物，对于这些物种的生态学关系的研究将是未来努力的重点方向。红外触发相机的数据已经为我们研究的假设和方向提供了清晰的脉络。

物种的数量和相对多度

对于被关注的物种，尤其是珍稀物种，不可回避的一个问题是种群数量。遗憾的是到目前为止，针对大部分物种，红外触发照相的方法都不是一个最有效的方法。但是，对于一些明星物种，红外触发相机在种群数量的估算上恰恰作出了突出的贡献，或者正在被广泛使用。

从上个世纪 70 年代开始，就有人在尼泊尔使用自动照相的方法拍摄到了虎，那时候是用踏板触发的方式，用胶片拍摄。1995 年，印度的研究者开始尝试使用红外触发照相的方法进行老虎的种群数量估算。经过几年的摸索，在照相设备、安放技术和数据统计模型都有了多次的改进之后，终于获得了一个较为令人满意的结果，而且该方法已经成为了红外触发相机进行野生动物种群统计研究的经典和标杆。在这个研究体系中，数据分析的基本方法是"标记 – 重捕"模型，而在这个模型运行的过程中，能够通过照片识别个体是研究的关键。幸而老虎身上的条纹是天然的标记，通过这些条纹来识别个体，使得每一张照片都成为了一次捕捉或者重新捕捉。这个试验中还有一个关键点，就是每次拍照都对动物的身体两侧同时进行，以全面获得个体的特征，所以，相机的设置总是成对的。

这个研究的成功，使得更多的类似物种的种群统计可以借鉴这个方法，后面跟进的研究对象包括豹、雪豹、美洲豹和豹猫等，它们都是猫科动物，身体都有易于识别的特征。其中的一项对美洲豹（Jaguars, *Panthera onca*）的研究，在中美洲到南美洲的 14 个国家进行了统一的取样和调查，获得了一个具有统计学意义的结果，由于种种原因，当时的结果有一个较宽泛的误差范围。我们目前在青藏高原进行的雪豹研究，也在使用这种方法进行种群估算，事实证明是可行的。

但大部分基于红外触发照相的物种研究难以在种群估算方面有所作为，最重要的原因是无法解决个体识别的问题。我们试图通过大熊猫的一些特征尝试识别个体，发现不是每个个体都能够做到。对于像豹猫这样的小型物种，我们面临的问题是在森林中难以控制照相的角度。也有我们的同行在南美洲尝试用照片识别眼镜熊（Spectacled Bear, *Tremarctos ornatus*）个体，最终也无法获得理想的效果。

即使个体识别的问题解决不了，红外触发照相仍然是保护管理上收集信息的有力工具。正如前面介绍的案例，系统的数据收集，可以通过照片拍摄率等指标考察动物的相对多度，在同一物种或者类似物种之间进行时间和空间上的比较。

毕竟，在保护管理上，物种数量的变化是可以通过这些指标来反映的，而这些变化的趋势比起静态的数量在保护上更加重要。

目前还有一些研究者正在尝试一些新的方法来处理照片数据，试图不用识别个体，而通过连续拍照时动物在两张照片上的位移来计算移动速度，再设计模型模拟计算种群密度。对于新的方法，我们正拭目以待。

红外照相技术的延伸和未来

过去的 12 年间，我们不断熟悉了这种研究方法，一方面在熟练掌握的情况下试图更多地发掘这些数据能够产出的结果，另一方面也认识到这种方法作为科研手段对很多问题的解决是有局限的，所以我们在努力结合新的技术手段，或者试图改进、延伸现有的方法。红外触发照相技术的本质，就是使用自动设备，在野外连续采集图片样本，目前我们已经开始尝试寻找和研制新的设备，以扩展这种野外自动采集的材料和方式。

自动触发拍摄视频

这是从拍摄照片自然演化而来的，一些品牌和型号的自动触发相机开始出现连续拍照的功能，进而可以拍摄小段的视频。随着存储卡容量的增加和速度的提升，拍摄准高清甚至高清视频成为可能。专业的视频采集人员也开始使用自动触发装置拍摄野生动物，而高清视频中截取的静止画面也完全满足拍摄照片的需求。因此自动触发拍摄照片和视频最终将融合成为一件事情。更多的视频资料采集，除了满足照片数据的分析外，为野生动物行为学资料的采集带来了更多的机会。

定时触发采集物候资料

随着气候变化对生物多样性和人类生活的影响越来越受到重视，作为记录气候变化的重要资料之一，物候（例如，植物发芽、开花、长叶、落叶、风、霜、雨、雪等）成为重要的资料。大范围的物候现象记录的最好方式是使用自动设备。我们已经尝试在现有的红外触发设备上加入定时自动拍照的功能，并研制了专门用于记录物候的定时拍照相机，取得了很好的效果。

▲ 利用定时拍照的相机陷阱定点监测阔叶树（槭树）春季发芽、开花、结果的物候过程（四川老河沟自然保护区，张远彬供图）

▲ 设置在森林中的全自动声学记录装置，用于森林鸣禽的研究与监测（四川王朗国家级自然保护区）

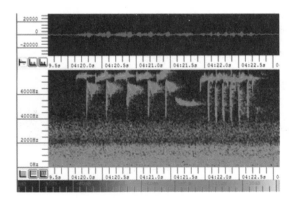

▲ 不同于相机陷阱记录野生动物的影像（照片或视频），全自动声学记录装置记录的是动物的鸣叫，并可以通过专用软件进行可视化的展示（波形图与声谱图）

声音自动记录

如同影像一样，声音也是野外资料的重要部分。很多野生动物，比如鸣禽、昆虫和一些两栖动物，每个物种的鸣叫都有典型的声学特征，可以作为分析的数据，进行多样性的研究。采集的方式可以通过自动设备的声音触发，或者定时自动采集。目前已经有商业公司出售定时自动采集的装置，我们针对森林鸣禽的初步尝试也取得了不错的效果。

每一次新的技术进步，往往能够为基础研究提供有力的数据采集或者分析的工具，带来研究上的突破。野生动物的研究经常面临的障碍是数据采集的困难和系统性不够，而依靠设备自动采集图像、视频和声音等资料，对于研究者来说，是一件大有帮助的事情。对于广大的野生动物爱好者来说，也是一种愉悦的参与方式。我们期待着在这方面，下一个十年有更加精彩的故事。

人类对于自然科学的探索，源于与生俱来的对未知世界的好奇心和求知欲。自混沌初开，人类便以自身感官，仰观星空，俯看尘微，推究物理，演算数法。人的视力毕竟有限，无法穿透砂石窥视地下，无法超越天空近观星辰。但这些，都无法阻挡人类探索的欲望。于是，有了技术的发展，一致于今：借助于电子显微镜和生物光学成像，我们得以"看"到细胞的结构乃至蛋白分子的构型；借助于大陆深钻，我们得以"看"到地下的岩层和冰盖中的沉积；借助于漫游者的镜头，我们得以"看"到火星表面的岩石与沙尘；借助于超级计算机的阵列，我们得以把云蒸霞蔚的具象转化为水热循环的数字与模型，穿越时间"看"到未来的天气。而红外触发相机，正是动物学家和生态学家手中新一代的工具；借助于这一只只丛林之眼，我们得以把视力延伸穿透密密丛林，"看"到以往不为人知的野生动物世界。

经过十多年的积累，红外触发相机带给了我们大量的精彩照片和视频。作为研究者，我们必须保持清醒：这些并不是我们的目的所在。某种意义上来说，这些极具视觉冲击力的照片只是附带产品，其背后所隐藏的那些我们还未了解的动物学、生态学知识，才是我们努力透过这丛林之眼所要"看"到的。为此，我们需要在设置红外触发相机前事先规划好系统的调查取样方案，需要把相机拍到的一张张照片抽象为一条条数据，需要用各种模型与算法来检验实地数据与假设预期之间的差异，需要用获得的新的知识来改进我们对于野生动物栖息地和自然保护区的管理方式。

这个过程远非一帆风顺。早期用不起国外价格昂贵的红外触发相机设备，我们就从焊接电路板开始，自力更生进行设计与组装。初期的相机在野外工作时性能不稳定，我们逐一解决供电、防水、快门、感应等等问题。保护区的工作人员缺乏使用和设置相机的经验，我们从头开始编写相应的培训材料并年年组织系统培训。研究的进行需要持续的资金支持，我们多方筹措以保证野外工作不致"断炊"。数据的整理分析鲜可借鉴，我们广建合作网络以开视野、理思路。一路走来，伴随着一个个问题的解决，逐步积累起来的，不仅仅是越来越多的照片，越来越丰富的经验与成果，还有我们对整个生态系统及其背后驱动机制越来越多深入的了解，以及越来越多志同道合的朋友。

这中间有太多需要感谢的人，以及需要感谢的组织与机构。

首先要感谢的是美国史密森保护生物学研究所（Smithsonian Conservation Biology Institute）的 William McShea 博士，我们亲切地称他为"毕老师"。毕老师是一位资深的野外生态学家，在鹿类生物学、温带森林生态系统以及保护生物学领域有着数十年的深厚积淀和建树，同时对中国的生物多样性保护和自然保护区建设非常热心。正是他，在新世纪初把红外触发相机这一技术介绍给我们，介

▲ William McShea 博士（左）与王大军（右）在唐家河国家级自然保护区野外调查

绍给我国西南地区的自然保护区，并从技术、资金和方法上持续地给予支持，大力推动这一技术在当地的普及，以提升自然保护区在野生动物监测方面的能力与水平。我本人的博士课题研究，也从初始的方案设计到后期的数据分析都得到了毕老师的悉心指导与帮助。

其次需要感谢的是众多辛勤奋斗在自然保护区一线的工作人员。正是他们甘于寂寞的坚守，为我们保留下足以引傲全世界的生物多样性和壮美的自然景观；也正是他们在深山密林中的辛苦努力，使得我们得以通过红外触发相机这一丛林之眼管窥精彩的野生动物世界。他们包括：陕西长青国家级自然保护区的马向祖、赵纳勋、张希明、何百锁、向定乾、董伟、王军、陈鹏、麻友立、胡万新、吴永林等野外队员，四川王朗国家级自然保护区的陈佑平、邵良鲲、蒋仕伟、赵联军、罗春平、黄俊忠、梁春平、袁志伟、王小蓉、刘建、兰高山，四川唐家河国家级自然保护区的李明富、谌利民、陈万里、马文虎、刘小庚、张忠怀、何万红、杨汝鹏，四川卧龙国家级自然保护区的施小刚、徐海斌、杨文刚、曾永兵、张清宇、唐浩、杨帆、明猛、马军，四川老河沟自然保护区的陈文才、张友顺、陈祥辉、江海、王林、强国权、向遵忠、王静，四川雪宝顶国家级自然保护区的齐浩、才理直、胥池、赵定、江波、田有志，还有其他更多未及在这里一一列出名字的野外工作人员。十多年来，我们有数不清的日夜一起在山林中摸爬滚打，追踪着野生动物的足迹，收获着红外触发相机的喜悦。灿烂的星空下，闪耀的篝火旁，微醺的我们一起留下回荡山谷的欢声笑语。

还要感谢四川省林业厅、陕西省林业厅以及各级林业局长期以来对我们工作的大力支持。他们作为各级自然保护区和林场的上级主管部门，以实际行动推动着红外触发相机以及其他新的技术、方法在自然保护区系统内的普及与推广，为众多自然保护区的能力建设和野生动物监测水平的提升不遗余力。

北京大学生命科学学院的保护生物学研究团队是这项长期工作的坚实基础和强大后援，尤其要感谢我的导师潘文石教授和吕植教授，把我带进野外生态学和保护生物学科学研究的大门，教会我从事科学研究的基础和思路，提供给我一片可以肆意施为的广阔天地。何其幸哉！团队中的每一位老师和同学都在不同的方面为本项工作提供过建议和帮助。

这项长期工作的持续和完成离不开多方机构和单位的资金支持，包括北京大学、华盛顿动物园（NZP-National Zoological Park）、四川省林业厅、世界自然基金会（WWF-World Wide Fund for Nature）、保护国际（CI-Conservation International）、大自然保护协会（TNC-The Nature Conservancy）、北京山水自然保护中心、香港海洋公园保育基金等。

　　十年历程，我们收获良多，不仅有欣喜，也难免遗憾。因而，带着十年积累的诸多想法与规划，下一个十年，更让我们为之期待。

李　晟

2014 年 11 月 25 日